U0176168

见识城邦

更新知识地图　拓展认知边界

BIG HISTORY

万物大历史

科学和技术是怎么发展而来的

[韩]金明哲 著 [韩]郑元桥 绘 李光在 宗芸 译

中信出版集团 | 北京

图书在版编目（CIP）数据

科学和技术是怎么发展而来的 /（韩）金明哲著；（韩）郑元桥绘；李光在，宗荟译．-- 北京：中信出版社，2023.1

（万物大历史）

ISBN 978-7-5217-4382-1

Ⅰ．①科… Ⅱ．①金… ②郑… ③李… ④宗… Ⅲ．①科学技术－青少年读物 Ⅳ．① N1-49

中国版本图书馆 CIP 数据核字（2022）第 077588 号

科学和技术是怎么发展而来的

著者：［韩］金明哲

绘者：［韩］郑元桥

译者：李光在　宗荟

出版发行：中信出版集团股份有限公司

（北京市朝阳区惠新东街甲 4 号富盛大厦 2 座　邮编　100029）

承印者：天津丰富彩艺印刷有限公司

开本：880mm × 1230mm　1/32　　印张：7.25　　字数：137 千字

版次：2023 年 1 月第 1 版　　印次：2023 年 1 月第 1 次印刷

京权图字：01–2021–3959　　书号：ISBN 978–7–5217–4382–1

定价：68.00 元

服务热线：400–600–8099

投稿邮箱：author@citicpub.com

大历史是什么？

为了制作“探索地球报告书”，具有理性能力的来自织女星的生命体组成了地球勘探队。第一天开始议论纷纷。有的主张要了解宇宙大爆炸后，地球是从什么时候、怎样开始形成的；有的主张要了解地球的形成过程，就要追溯至太阳系的出现；有的主张恒星的诞生和元素的生成在先，所以先着手研究这个问题。

在探索过程中，勘探家对地球上存在的多样生命体的历史产生了兴趣。于是，为了弄清楚地球是在什么时候开始出现生命的，并说明生命体的多样性和复杂性，他们致力于研究进化机制的作用过程。在研究过程中，他们展开了关于“谁才是地球的代表”的争论。有人认为存在时间最长、个体数最多、最广为人知的“细菌”应为地球的代表；有人认为亲属关系最为复杂的白蚁才是；也有人认为拥有最强支配能力的智人才是地球的代表。最终在细菌与人类的角逐战中，人类以微弱的优势胜出。

现在需要写出人类成为地球代表的理由。地球勘探队决定要对人类怎样起源、怎样延续、未来将去往何处进行调查和研究，找出人类的成就以及影响人类的因素是什么，包括农耕、城市、帝国、全球网络、气候、人口增减、科学技术和工业革命等。那么，大家肯定会好奇：农耕文化是怎样促使人类的生活产生变化的？世界是怎样连接的？工业革命是怎样改变人类历史的？……

地球勘探队从三个方面制成勘探报告书，包括："从宇宙大爆炸到地球诞生"、"从生命的产生到人类的起源"和"人类文明"。其内容涉及天文学、物理学、化学、地质学、生物学、历史学、人类学和地理学等，把涉及的知识融会贯通，最终形成"探索地球报告书"。

好了，最后到了决定报告书标题的时间了。历尽千辛万苦后，勘探队将报告书取名为《万物大历史》。

外来生命体？地球勘探队？本书将从外来生命体的视角出发，重构"大历史"的过程。如果从外来生命体的视角来看地球，我们会好奇地球是怎样产生生命的，生命体的繁殖系统是怎样出现的，以及气候给人类粮食生产带来了哪些影响。我们不禁要问："6 500 万年前，如果陨石没有落在地球上，地球上的生命体如今会怎样进化？""如果宇宙大爆炸以其他细微的方式进行，宇宙会变成什么样子？"在寻找答案的过程中，大历史产生了。事实上，通过区分不同领域的各种信息，融合相关知识，并通过“大历史”，我们找到了我们想要回答的“宇宙大问题”。

大历史是所有事物的历史，但它并不探究所有事物。在大历史中，所有事物都身处始于 137 亿年前并一直持续到今天的时光轨道上，都经历了 10 个转折点。它们分别是 137 亿年前宇宙诞生、135 亿年前恒星诞生和复杂化学元素生成、46 亿年前太阳系和地球生成、38 亿年前生命诞生、15 亿年前性的起源、20 万年前智人出现、1 万年前农耕开始、500 多年前全球网络出现、200 多年前工业化开始。转折点对宇宙、地球、生命、人类以及文明的开始提出了有趣的问题。探究这些问题，我们将会与世界上最宏大的故事相遇，宇宙大历史就是宇宙大故事。

因此，大历史不仅仅是历史，也不属于历史学的某个领域。它通过开动人类的智慧去理解人类的过去和现在，它是应对未来的融合性思考方式的产物。想要综合地了解宇宙、生命和人类文明的历史，就必然涉及人文与自然，因此将此系列丛书简单地划分为文科和理科是毫无意义的。

但是，认为大历史是人文和科学杂乱拼凑而成的观点也是错误的。我们想描绘如此巨大的图画，是为了获得一种洞察力，以便贯穿宇宙从开始到现代社会的巨大历史。其洞察中的一部分发现正是在大历史的转折点处，常出现多样性、宽容开放、相互关联性以及信息积累的爆炸式增长。读者不仅能通过这一系列丛书，在各本书也能获得这些深刻见解。

阅读和学习“万物大历史”系列丛书会有什么不同呢？当然是会获得关于宇宙、生命和人类文明的新奇的知识。此系列丛书不是百科全书，但它包含了许多故事。当这些故事以经纬线把人文和科学编织在一起时，大历史就成了宇宙大故事，同时也为我们提供了一个观察世界、理解世界的框架。尽管想要形成与来自织女星的生命体相同的视角可能有点困难，但就像登上山顶俯瞰世界时所看到的巨大远景一样，站得高才能看得远。

但是，此系列丛书向往的最高水平的教育是“态度的转变”，因为通过大历史，我们最终想知道的是“我们将怎样生活”。改变生活态度比知识的积累、观念的获得更加困难。我们期待读者能够通过“万物大历史”系列丛书回顾和反省自己的生活态度。

大历史是备受世界关注的智力潮流。微软的创始人比尔·盖茨在几年前偶然接触到了大历史，并在学习人类史和宇宙史的过程中对其深深着迷，之后开始大力投资大历史的免费在线教育。实际上，他在自己成立的 BGC3（Bill Gates Catalyst 3）公司将大历史作为正式项目，之后还与大历史企划者之一赵智雄的地球史研究所签订了谅解备忘录。在以大卫·克里斯蒂安为首的大历史开拓者和比尔·盖茨等后来人的努力下，从 2012 年开始，美国和澳大利亚的 70 多所高中进行了大历史试点项目，韩国的一些初、高中也开始尝试大历史教学。比尔·盖茨还建议“青少年应尽早学习大历史”。

经过几年不懈努力写成的“万物大历史”系列丛书在这样的潮流中，成为全世界最早的大历史系列作品，因而很有意义。就像比尔·盖茨所说的那样，“如今的韩国摆脱了追随者的地位，迈入了引领国行列”，我们希望此系列丛书不仅在韩国，也能在全世界引领大历史教育。

李明贤　　赵智雄　　张大益

祝贺“万物大历史”系列丛书诞生

大历史是保持人类悠久历史，把握全宇宙历史脉络以及接近综合教育最理想的方式。特别是对于 21 世纪接受全球化教育的一代学生来讲，它显得尤为重要。

全世界范围内最早的大历史系列丛书能在韩国出版，并且如此简洁明了，这让我感到十分高兴。我期待韩国出版的“万物大历史”系列丛书能让世界其他国家的学生与韩国学生一起开心地学习。

“万物大历史”系列丛书由 20 本组成。2013 年 10 月，天文学者李明贤博士的《世界是如何开始的》、进化生物学者张大益教授的《生命进化为什么有性别之分》以及历史学者赵智雄教授的《世界是怎样被连接的》三本书首先出版，之后的书按顺序出版。在这三本书中，大家将认识到，此系列丛书探究的大历史的范围很广阔，内容也十分多样。我相信“万物大历史”系列丛书可以成为中学生学习大历史的入门读物。

大历史为理解过去提供了一种全新的方式。从 1989

年开始，我在澳大利亚悉尼的麦考瑞大学教授大历史课程。目前，在英语国家，大约有50所大学开设了大历史课程。此外，在微软创始人比尔·盖茨的热情资助下，大历史研究项目团体得以成立，为全世界的青少年提供免费的线上教材。

如今，大历史在韩国备受关注。2009年，随着赵智雄教授地球史研究所的成立，我也开始在韩国教授大历史课程。几年来，为促进大历史在韩国的传播，我们付出了许多心血，梨花女子大学讲授大历史的金书雄博士也翻译了一系列相关书籍。通过各种努力，韩国人对大历史的认识取得了飞跃式发展。

“万物大历史”系列丛书的出版将成为韩国中学以及大学里学习研究大历史体系的第一步。我坚信韩国会成为大历史研究新的中心。在此特别感谢地球史研究所的赵智雄教授和金书雄博士，感谢为促进大历史在韩国的发展起先驱作用的李明贤教授和张大益教授。最后，还要感谢“万物大历史”系列丛书的作者、设计师、编辑和出版社。

2013年10月

大历史创始人　大卫·克里斯蒂安

David Christian

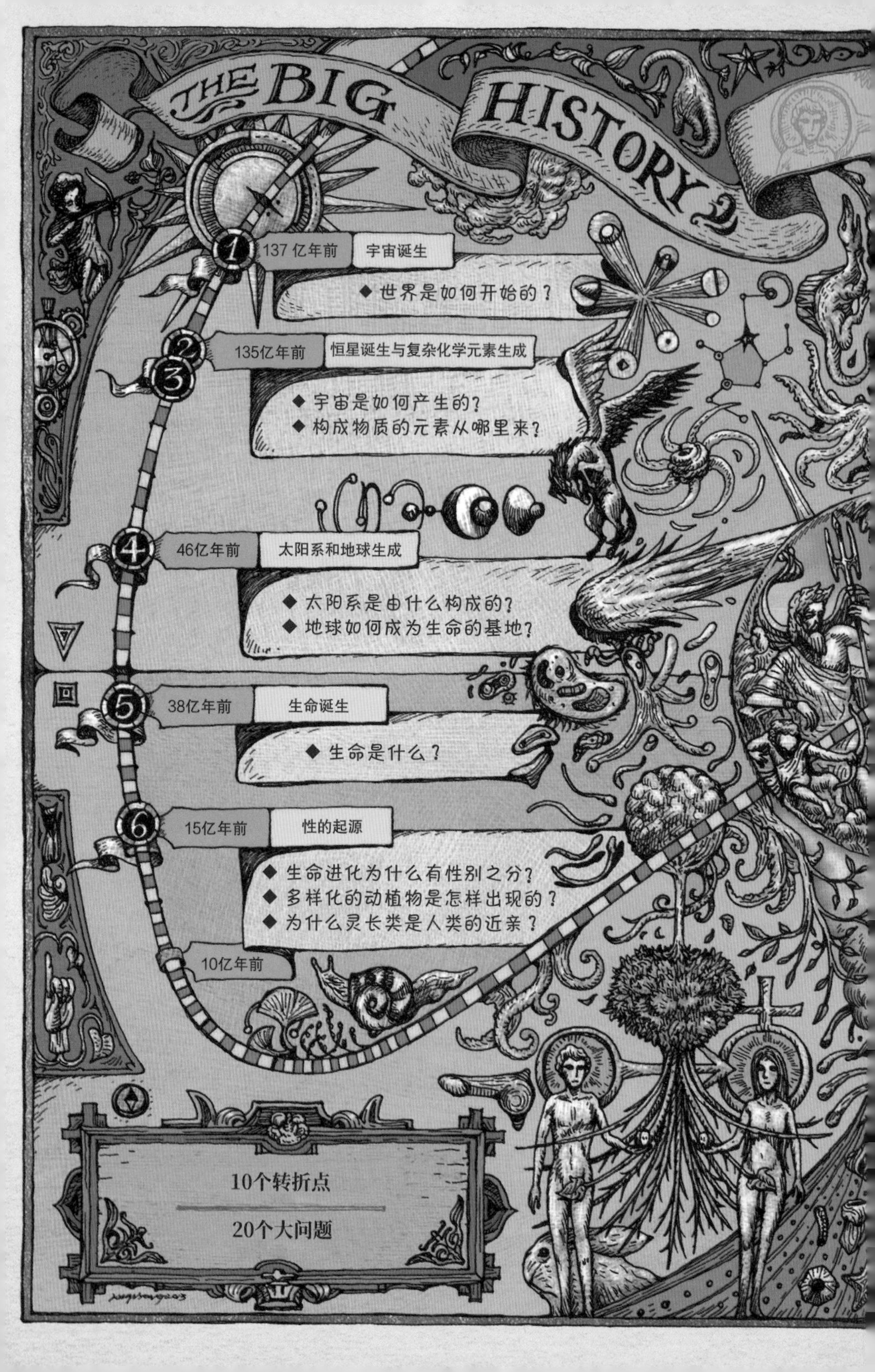
THE BIG HISTORY
1
137 亿年前
宇宙诞生
◆ 世界是如何开始的？
2
3
135亿年前
恒星诞生与复杂化学元素生成
◆ 宇宙是如何产生的？
◆ 构成物质的元素从哪里来？
4
46亿年前
太阳系和地球生成
◆ 太阳系是由什么构成的？
◆ 地球如何成为生命的基地？
5
38亿年前
生命诞生
◆ 生命是什么？
6
15亿年前
性的起源
◆ 生命进化为什么有性别之分？
◆ 多样化的动植物是怎样出现的？
◆ 为什么灵长类是人类的近亲？
10亿年前
10个转折点
20个大问题

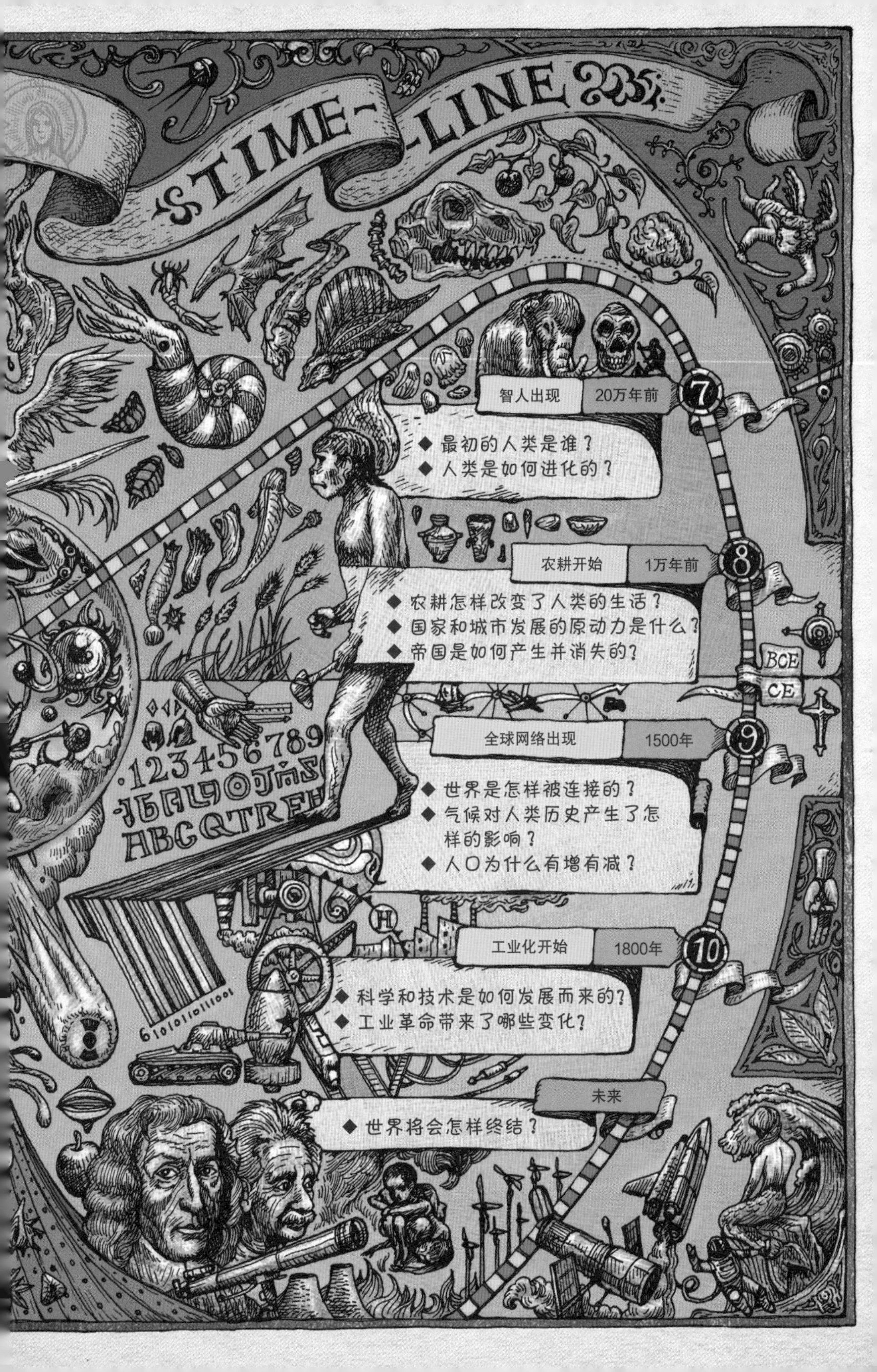

TIME-LINE
智人出现
20万年前
7
◆ 最初的人类是谁？
◆ 人类是如何进化的？
农耕开始
1万年前
8
◆ 农耕怎样改变了人类的生活？
◆ 国家和城市发展的原动力是什么？
◆ 帝国是如何产生并消失的？
BCE
CE
全球网络出现
1500年
9
◆ 世界是怎样被连接的？
◆ 气候对人类历史产生了怎样的影响？
◆ 人口为什么有增有减？
123456789
ABCQTREF
工业化开始
1800年
10
◆ 科学和技术是如何发展而来的？
◆ 工业革命带来了哪些变化？
未来
◆ 世界将会怎样终结？

目录

欧洲科学的起源和发展

工业革命与工业化科技

相对论、量子力学和 DNA

拓展阅读

当今的科技时代

引言

人类文明和科学的发展历程

万物生灵在陨灭之前都会遗留下自己的基因。基因可能会发生变异，变异的基因通过生物的繁殖进行复制，从而进一步和其他基因通过新的方式进行重组，以此来促成新生命的诞生和成长。不仅如此，在新的生命体中，适应自然环境的那部分会把这些基因更广泛地传播开来。地球上的生命通过这样的过程，在漫长的岁月里发展成多种多样的形态，并在复杂多样的环境中生活。我们称之为“生物进化”。

但是，人类在死亡之前不仅会留下基因，而且会留下另一种进化媒介，那便是文化层面的基因——“模因”。譬如，作家会遗留下自己的作品，工人会遗留下生活的智慧和劳动经验，厨师会遗留下自己的烹饪方法。国会议员会遗留下其在任期间所制定的法律，足球运动员会遗留下足球技巧……这些知识、工具、技术、智慧、规则和思想等通过人类的集体学习互相交换，以此来实现广泛传播，并且会根据社会价值和需要不断取其精华，传承给后代，后人将在此基础上完成再创造，或以新的方式继承发展，引领人类文明的进步。我们称之为以“模因”为媒介的“人类文化层面的进化”。

毋庸置疑，“模因”对于人类文明的长久传承具有重要意义。为了更加明确地理解这一概念，我们来做一个假设：如果明日的此刻，地球上所有的文明消失殆尽，只剩下一群 8 岁的孩子，那么究竟需要给他们留下什么，才可以使他们成功地生存下来，并且能够创造新的文明呢？有用的物品吗？举例来说，如果只留下石器、罐头或计算机这样的物品，那么也将会是困难重重，因为当这些物品被消耗、丢失或出故障，对于孩子们来说，它们就没有什么价值了。所以，与其给孩子们留下石器，不如教给他们制作石器的方法；与其给他们留下罐头，不如给他们留下烧火、熏制肉类和保存食物的技术；与其给他们留下计算机，不如教给他们四则运算法则或基础科学知识，进一步传授建立在文化和制度上的社会生存法则。只有掌握了知识、技术和文化，孩子们才能借此制造出自己所需要的工具，并形成一定的生存组织。此外，知识和文化可以口口相传。人们可以通过歌曲或壁画、泥板和书来刻录知识，并将其传授给子孙后代。最终，即使这些孩子长大成人、慢慢老去，他们制造的工具都磨损了，他们所掌握的技术和经验智慧也会代代相传，创造出新的灿烂文明。

像这样，通过语言、图画、歌曲及文字等符号进行传播并将其传授给后代，不断进行再开发、再积累、再连接、再取舍、再解读、再变形，人类的先天性活动和后天学习性活动都能用到的知识、经验、思想和技术等，便是我们所说的“模因”。

模因和文化层面的进化会使人类成为完全区别于其他动植物的一个存在，即拥有更新更快的进化方法的存在。根据生物学进化原理，如果一个人天生体形瘦削，那么即使他努力通过体育锻炼来增加肌肉，他的孩子出生时也还是会像他一样体形瘦削。基因变异和人类的后天活动无关，只依赖于偶然发生的基因突变，因此生物进化不能人为加速，它的变化速度只能和非常缓慢的基因变异保持同步。

“用进废退”

这是经常使用就会变得发达，而不经常使用就会逐渐退化的一种特性，它具有遗传性。这是法国生物学家拉马克提出的关于生物器官进化的一种主张。实际上，后天所习得的生物学特性是无法遗传的，但是知识和文化随着人类的使用而发展，这些内容会被原封不动地传给后代。

但模因就不同了，知识、经

验、规则和思想越是经人们使用、思考、研究和发展，就越是变化迅速，这就是具有所谓的“用进废退”的特性。它有别于完全依赖于繁殖和遗传过程的基因，并且能够通过人类社会的连接性和交流能力（交通、通信等）的提高来实现更快速的传播。最终，人类也是得益于文化层面的进化，实现了生物学进化无法快速达到的发展。譬如，即使没有翅膀，人类也能遨游天空；即使没有御寒的毛发，人类的脚步也能探寻到南极。

因此，模因在人类和人类社会发展中发挥着不亚于基因的强大作用。虽然不吃不喝就无法生存，但如果每天都吃同样的食物，也会无法忍受，所以人类会做多种多样的食物；虽然不能排便就无法生存，但如果没有粪便处理设施，环境太脏乱，人类也会无法忍受。当我们受到别人攻击的时候，就会听从基因里蕴含的指令和敌人对峙，但最大限度地克制暴力倾向，保持礼貌和秩序，维系我们的文明社会，这和守护自己的生命同等重要。大部分人选择生育，是希望把自己的基因留下，但是将人类多样的文化遗产留给后代也是必要的。甚至现在有一些人并不关心自己的基因是否能够得到遗传，他们只是以留下模因作为目标。所以，虽然基因是人类生活和社会构成必不可少的基本条件，但是模因作为人类想象力和创造性的基础，将会让整个人类文明拥有无限可能的发展潜力。

除了把人类和其他动物区分开来，模因更重要的作用是引领人类文明不断繁荣发展，其文化层面的进化领域不计其数：美术、舞蹈、音乐、文学、哲学、思想、科学、技术、医学、饮食、体育、政治、社会制度、宗教、经济制度等。这些领域在人类文明的进化过程中起着不可或缺的作用，它们带领着各自的“模因大军”，把知识和经验连接在一起，形成了不同的模因体系，成为人类文明的有机成分。所有领域的进化历史都是精彩纷呈的。在本书中，我们不仅会看到文化层面进化过程的特点，而且会领略到对人类社会产生巨大影响的关于科学技术进化的事例。

如果我们将世界范围内人类最初的科学模因的诞生和科学技术的模因慢慢联系起来，就能看到人类科学文明加速进化的开始。在这个过程中，对模因产生好奇心的我们也会和沉迷于此的科学家进行思想碰撞，探寻他们留下的模因到底是什么，以及模因是如何对科学进化做出贡献的。科学对其他领域和人类社会到底产生了怎样的影响，反过来，其他领域和人类社会又对科学产生了怎样的影响，这些问题我们也会一并探寻。

人类把自己的精神和知识融合起来进行再生产、再创造，去探寻整个宇宙自然的原理，这一伟大的旅程有待我们去了解。此外，我们还将探索科学技术的进化对人类文明进程具有怎样的影响。

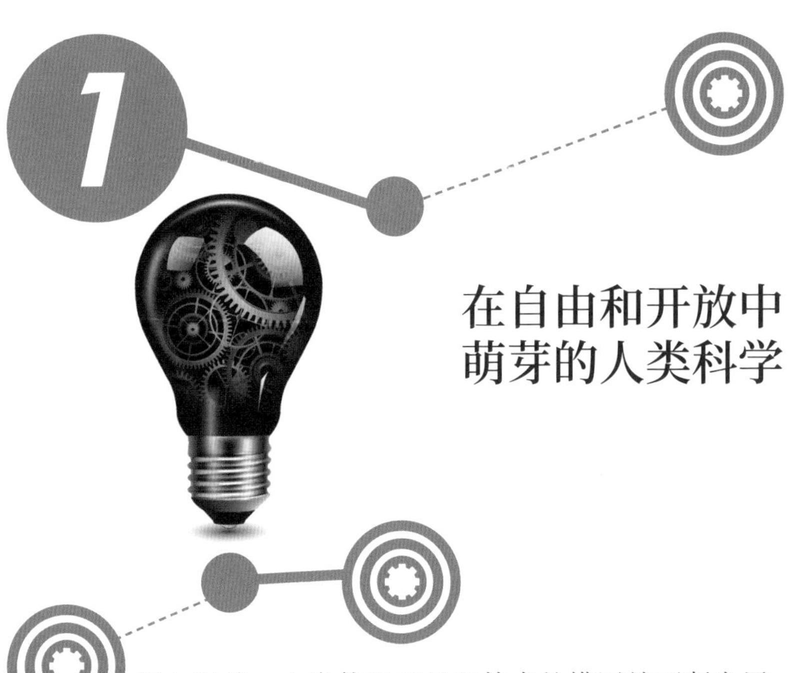

在自由和开放中萌芽的人类科学

很久以前，人类使用工具和技术的模因就不断发展。各项技术可以对下一代技术的发展产生影响，或者能够推动当代社会发展，从而促成新的科学技术的产生，它们以这种方式影响人类文化的进化。工具和技术的历史要追溯到约250万年前，从能人发明打磨石器的方法开始，后来直立人开始保存火种、善于用火，石器的打磨技术也慢慢成熟。到距今约10万年前，人类能够熟练地用手斧、矛尖、刀片等多样的石器制成长矛和鱼叉狩猎。

约一万年以前，我们的祖先通过仔细观察自然现象，慢慢地开始积累其中蕴藏的知识。祖先通过实现作物化和家畜化开始了农耕社会，并开始掌握和发展陶器、石磨、犁耙等农耕所必需的工具与技术。他们还总结了降水量和

噗噗
嘿嘿哟
喔呜

耕作方式对收成的影响，观察月亮和太阳的盈缺周期，并制作了日历。从那时开始，后世以祖先积累的知识为基础，逐渐了解自然现象的原理（包括作物生长离不开水的原因和日月盈缺周期的原理），并不断发展完善。如今，我们把这种理解和利用自然现象原理时所用到的传统知识称为科学。

得益于农耕技术的发展，粮食的大量生产养活了很多人。因此，农耕不仅使人口数量增加，而且为了使农业产量最大化，越来越多的人聚在一起，形成了大的共同体。这时，社会群体形成所需要的制度、思想、文化知识和经验就会不断得到发展和创新，慢慢形成村落、城市和国家。在城市和国家等大规模社会群体中，又产生了关于农田测量、产量计算、税金计算、税收记录等新的社会要求，进一步促成了文字、数学和几何学的诞生。同时，关于数量和图形的测量记录的知识和经验被学习、传播、传承，逐渐形成了复杂的理论性的数学体系。对于后世来说，数学不仅是科学的基本方法，而且是用语言去解释和运用自然现象原理的核心工具。

埃及、美索不达米亚、印度、中国等世界各地的人类为了迎合社会的发展需求，开发了计数法、文字、基础几何学、基础四则运算法等多种模因，并且把各方面的知识

埃及的计数法

1	– 直棍
10	∩ – 跟骨
100	– 卷起的绳子
1000	= – 莲花
10000	= – 勺子
100000	= – 蝌蚪
1000000	= – 受到惊吓的人

随着社会不断扩大，变得更加复杂，计数和计算的知识也得到了发展

结合起来，形成了基础的数理理论和几何学，进一步树立了用数学来抽象地呈现并预测各种自然现象的知识传统。在这些发展领域中，最为突出的是天文学。早在古典时代，埃及、美索不达米亚、印度、中国等地就能非常准确地记述天体的运行情况，并以此为基础预测哪颗星会在几月几日晚在哪个位置出现，以什么样的轨迹移动。

随着数学知识的日渐完善和对自然现象的观察结果的涌现，人类开始慢慢步入用数学和科学知识去解释自然基本原理的阶段。特别是位于地中海东部的希腊人，他们对自然原理的理解和理论的提出都走在了世界的前列。在此之后，阿拉伯帝国的许多学者综合世界各地关于数学和科学的模因，使科学有了飞跃式发展。由此看来，在古典时代的希腊和阿拉伯帝国，科学发展过程中蕴含的共同关键词是自由和开放。

最初的黄金时期

古典时代的希腊在文学、哲学、思想、医学、科学等领域都取得了突出的发展成果，对人类文化的进化做出了巨大的贡献。其实，人类的知识和思想等在全世界同时发展，为何唯独古典时代的希腊在众多领域的发展上拔得头筹呢？

不管是古典时代的希腊还是后来崛起的阿拉伯帝国，又或者是文艺复兴时期的欧洲，都曾在科学、技术、艺术、思想等领域快速丰富并发展。这类因创造性进化而高速发展的时期被后来的很多学者称为人类文明进化的“黄金时期”。学者对这些社会的共同点做了一番研究，主要研究和整理了以下两个问题：人类文化的进化到底是什么？形成由创造性进化主导的社会需要具备怎样的条件？

这些学者的研究结果显示，文化进化需要具备的三个最佳条件可概括为自由、宽裕和交流。

首先，“自由”指的是这个社会没有对于出生地或宗教信仰的偏见，任何一个成员都可以在自己感兴趣和觉得有价值的领域自由地进行创造性活动。只有这样，这个社会才会拥有人们创造或改变的多种多样的模因。不仅如此，不同种族、宗教和他国社会的模因也会更多地被引进。最终，自由会使整个社会所拥有的模因规模扩大、质量提高，从而产生更多创造性的活动。而社会也会在这些多样的创造物中选择最具有价值的一部分来推动人类的发展。

其次，“宽裕”指的是在这个社会中，人们有足够的金钱和时间参与创造性活动。如果这个社会的成员具备了自由和宽裕这两个条件，可以全身心地投入创造性活动，那么就会形成一个大规模的可以创造或综合多样性模因的平台，从而推动人类文化层面的进化。

最后，“交流”指的是这个社会必须时刻和其他高水平的文明保持密切的交流，对彼此的知识和文化进行相互学习。特别是当这个社会的成员能够通过旅行、留学或者贸易来熟练掌握他国文化的时候，这个社会就会拥有连自己的成员都无法想象的智慧、思想和文化。这样，通过自由、宽裕和交流这三个条件，可以使社会的模因变得更加丰富、更加具有创造性，也就会催生出新的思想，从而推动人类文化的进化。

城邦
在希腊文中称为 Polis。

那么，下面让我们看一下为古典时代希腊的科学、哲学、诗歌、戏曲和戏剧等发展做出贡献的社会条件。

古典时代的希腊是指以爱琴海为中心的希腊半岛及其周边岛屿、占据安纳托利亚半岛大部分地区的城邦的总称。虽然在古典时代，这些城邦之间有时会发生战争，但还是建立了密切的商业网络和交流合作的关系，并得以流传发展。当时有很多具有相对独立性的社会群体，他们有丰富的思想，并且共享很多知识理论，社会成员可以自由出入各个城邦，共享多种模因。

在古典时代，希腊很多城邦的公民阶层都是建立在奴隶制基础上的，他们生活在奴隶的血泪之上。也就是说，雅典、萨摩斯岛和米利都等地的公民有更多的时间投身知识和文化活动当中。并且在当时整个社会的大环境中，公民投身知识活动的行为会受到高度的评价。例如，他们把

社会选择

社会通过多种方式控制特定领域的自由、宽裕和交流，从而进一步加快或抑制这一领域的进化速度。在加快的方式中，比较具有代表性的是社会赞助活动。有时一个人想要致力于知识和文化相关领域，就既要有这种热情，又要有相应的才能，但是人们往往因经济不宽裕而不得不从事一项能够维持生计的工作。如果社会对这个人想要投身的领域抱有很高的评价，具有发展价值的话，社会就可以通过赞助此人来加速实现此领域的进化。社会赞助活动可以使创造者自由地投身于思想和实验研究，激发他们积极投身这一艰苦的创造过程，最终在这个领域创造出重要的社会成果。反之，社会也会出现积极妨碍一些领域发展的情况。例如，我们如果把小说家称为“三流之辈”，或是把音乐家轻蔑地称为“戏子”的话，他们就不会感到这个社会对这个领域的支持，文化和音乐领域的自由、宽裕和交流也会急剧恶化。

1048年，奥马尔·海亚姆出生在一个以制作帐篷为生的匠人家庭。他在20岁左右写了《算术问题》一书，初露了数学才能，后来他得到当地统治者阿布·塔希尔的庇护和赞助。如果没有这些赞助，他的数学才华很有可能会被埋没在艰难的生活和困境中，他也就无法提出用几何学证明三次方程的伟大理论，最终也不会为数学和科学的发展做出如此巨大的贡献

柏拉图和亚里士多德等从事知识活动的公民称为“哲学家”，即与其他职业和阶层相比最具价值的一类。凭借这样的优势条件和社会观念，伊奥尼亚的许多公民积极投身于哲学、科学、医学、文学和戏剧等的研究和创造中。

另外，在古典时代，希腊很多城邦逐渐废除了国家早期建立的君主制，慢慢形成了以公民阶层参政议政为中心的民主政治。得益于此，城邦的公民享有极大的思想、演讲和创作自由，人们不会去排斥信奉其他神的埃及或美索不达米亚的新思想和理念，只是想评价这些新知识和思想多么接近真理。并且，这一时期柏拉图的希腊学园和亚里士多德的吕克昂学园这类不受政治或宗教影响的独立教育机构的出现和发展，为很多哲学家探索真理创造了条件。

最后，古典时代的希腊并不是孤立的世界，它不仅和当时很多国家有往来，而且和那个时代人类文明最前端的中心地埃及和美索不达比亚都有联系。得益于此，当地的很多公民都能接触到埃及和美索不达米亚的知识和思想，相互融合、接纳吸收，由此创造出了高度发展的人类文明。

古典时代的希腊

古典时代的希腊指的是以爱琴海为中心的希腊半岛的多个城邦和安纳托利亚半岛的米利都等多个城邦的组合。

可以说古典时代的希腊是具备自由、宽裕、交流等所有条件的文

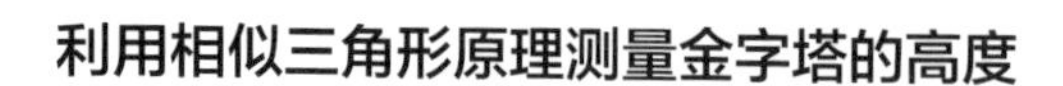

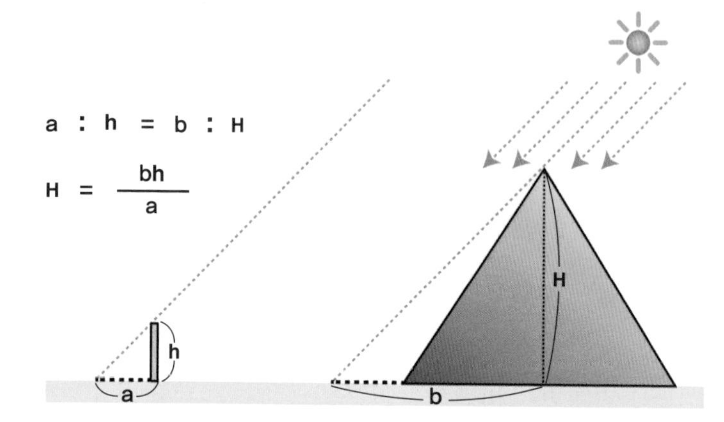

希腊数学家泰勒斯曾利用埃及的数学知识测量了金字塔的高度。在同一时间的阳光照射下，金字塔的影子和地面所形成的角度，和在地面垂直竖立的木杆的影子与地面形成的角度是相同的。那么，借助于太阳光线所构成的这两个三角形相似，塔高与杆高之比等于两者影长之比。也就是说，如果知道了金字塔的影长是木杆影长的几倍和木杆的高度，就可以计算出金字塔的高度

化进化宝地，并且在这些条件的基础上附加了对科学领域进化有启明星作用的人物——泰勒斯。泰勒斯一开始主要生活在安纳托利亚半岛西岸的米利都，后来他乘小船穿越地中海，到埃及等地区旅行，并在那里接触了埃及和美索不达米亚先进的数学和天文学。

据希腊历史学家希罗多德记载，泰勒斯曾预言了日食的发生。根据他的记载，在泰勒斯生活的时代，安纳托利亚高原的利迪亚和西方的米底人正在展开一场战争。战争进行到第六年的时候，发生了一场非常可怕的日食，促使这场战争结束，而日食发生的时间正好与泰勒斯预测的时间一致。这也说明泰勒斯熟知埃及和美索不达米亚预测天体运行的方法，并且使其发展得更加精密和完善。

泰勒斯还试图解释万物的本质。根据亚里士多德的记载，泰勒斯认为世界的本原是水，用一句话来总结就是“水生万物，万物复归于水”，水构成了所有物质，如空气、大地和热气。他甚至认为地球也是由水构成的，大地漂浮在水面之上，所以有时会发生动荡，也就是我们所说的地震（其实根据科学的解释，地震是因地下岩石的构造活动或火山爆发而引起的，泰勒斯的解释过于原始化）。亚里士多德的四元素学说的提出也是以泰勒斯关于水的学说为基础的，所以，可以说泰勒斯为古典时代希腊世界和后世所有研究物质构成和变化原理的学者抛出了最根本性的问题。

泰勒斯还在米利都培养了一位名为阿那克西曼德的天才弟子。阿那克西曼德认为地球上的生命是由最初的鱼类逐渐进化而成的（这与现代进化论的核心原理相同），他甚至还主张进行自转运动的世界除了地球以外还有很多个

古埃及方尖碑与阿那克西曼德的日晷

据推测，人类最初的日晷应该是埃及人的方尖碑（左图）。阿那克西曼德在埃及传统知识的基础之上，利用木杆的影子随太阳运动而变化的特性，制成了日晷（右图）

（这与存在平行宇宙或多元宇宙的现代宇宙观非常相近）。阿那克西曼德还用在地面上垂直竖立的木杆的影子来测定时间，并得出了一年的时长，这便是古典时代的希腊最早制作的日晷。进而，他创造出了以地球为中心，太阳、月亮和夜空中的星星都围绕它运行的天文模型。这便是人类最早的关于天文模型的模因。该模型不断发展，大约 700 年以后，被归纳总结为托勒密的地心说天文模型。

泰勒斯和阿那克西曼德在米利都带领科学突飞猛进发展的同时，位于意大利南部克罗托内的毕达哥拉斯构建了现代数学的基本框架。毕达哥拉斯和其弟子最重要的成就是确立了数学证明的传统。数学证明指的是数和图形中出现的各种现象（“在圆形中画一条最长的直线，圆形就会被分成两个相同的半圆”，“2乘以3和3乘以2是一样的”，等等）中基本不变的是数学原理。也就是说，数学证明指的是一切都可以在数学原理中找到解释。他们企图用数来解释一切，称人类所有的知识都以数学为基础相互沟通，并以此来推动科学发展。

毕达哥拉斯的弟子

毕达哥拉斯的弟子主要分为两类，一类只听课，被称为“旁听生”（augusmatigu），另一类在听讲的基础上还和毕达哥拉斯进行讨论，被称为“哲学家”或“数学家”（mathematicgu），所以从“mathematicgu”派生出了数学的名称“mathematics”。

毕达哥拉斯学派最著名的成就是证明了毕达哥拉斯定理，即勾股定理。毕达哥拉斯定理指的是“直角三角形斜边平方等于两直角边平方之和”。毕达哥拉斯学派认为，万物的本原是数，这就是毕达哥拉斯定理所揭示的深奥的宇宙原理。“直角三角形斜边平方等于两直角边平方之和。”这个说法真让人不可思议。如果把三角形的三条边单拿出来，完全看不出有任何联系，所以

毕达哥拉斯定理

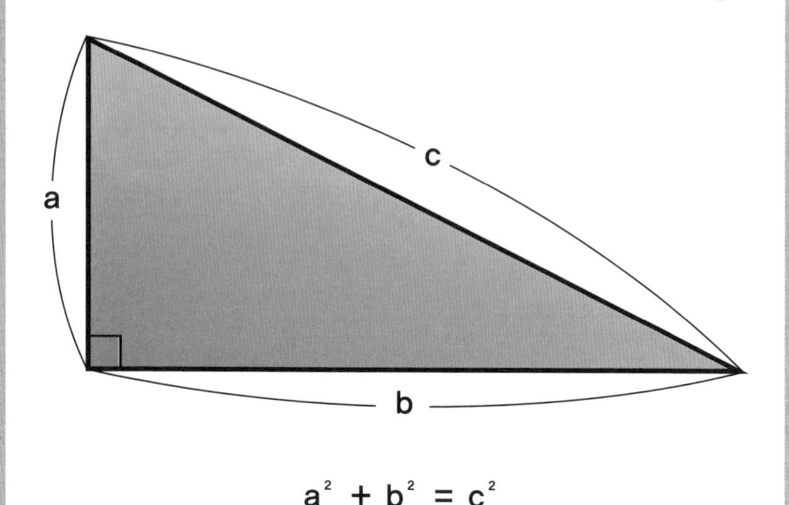

$$a^2 + b^2 = c^2$$

毕达哥拉斯定理仅证明方法就被开发了 400 多种，这一模因引起了后人极大的好奇心。包括爱因斯坦在内的许多数学家和科学家都非常热衷于研究毕达哥拉斯定理，由此也推动了人类数学和科学的发展

说从三角形完全看不出有任何联系的三条边都能得出如此奇妙的关系，世间万物之间可想而知必定都有着数的联系。

在泰勒斯之后约 100 年，出现了另一位伟大的哲学家——德谟克里特。他认为，“所有物质都是由不能再分割的细小物质构成的”，用希腊语表示“无法再分割的物

粒子加速器

虽然希格斯粒子的存在已经利用数学得到了证实，但提出希格斯粒子设想的希格斯最近指出，只有通过粒子加速器实验的证明，自己的科学成就才算真正得到认可。柏拉图式的严谨数学推理和亚里士多德式的经验证明，是现代科学的运作方式

质”为“atomos”，后来我们所称的“原子”（atom）便来源于此。

在德谟克里特之后，出现了雅典的柏拉图和斯塔吉拉的亚里士多德。柏拉图和亚里士多德把探求自然原理的古典时代希腊学问的传统作为他们探求哲学的基础与坚定不移的哲学后盾。柏拉图将宇宙万物的原理归结为

“理型论”[1]，并且认为通过绝对无误的逻辑推论可以去探求理型；亚里士多德坚信，通过对自然现象的彻底观察和归纳推理，可以探求理型。虽然看起来柏拉图的演绎推理法和亚里士多德的归纳推理法是相反的，但实际上他们是引领后世科学发展的两位先行者。

最后要提到的人是欧几里得，他虽然是希腊人，但一直活跃在埃及。当时，他一直在埃及国王托勒密一世建立的国际都市——亚历山大城的大图书馆“Mouseion”（现在“博物馆”的英文名称 museum 的由来）担任数学教授。博物馆收藏了托勒密一世搜集到的各个领域的书籍，几乎涵盖了当时所有的数学书籍。欧几里得负责所有数学书籍的佐证、注释添加和修正工作，这让他逐渐认识到实现当代数学集大成的重要性。因此，他编写了史上最伟大的著作之一——《几何原本》，书中记载了各种数学原理，并在此基础上添加了他本人的发现，共涉及23个定义、5条公理、5条公设、465个命题以及119个定义。特别是《几何原本》第一册中记录了“点”（点是空间中只有位置、没有大小的图形）、“线”（线只有

1 理型论（theory of forms 或 theory of ideas）是西方哲学对于本体论与知识论的一种观点，由柏拉图提出。他认为，“物质世界的背后，必定有一个实在存在”。他称这个实在为“理型世界”，其中包含存在于自然界各种现象背后、永恒不变的模式。这种独树一帜的观点，我们称之为“柏拉图的理型论”。——译者注

长度，没有宽度）等定义，“等量加等量，其和相等”“整体大于部分”等公理，以及“两点之间有且只有一条直线”等公设。也就是说，欧几里得在对当时所公认的各种数学模因进行严谨评价的基础之上，为后人留下了经过验证的定义、公理、公设和命题，这为后代科学家统一数学科学语言奠定了基础。

公理
被公认为真理的概念。

公设
在特定领域内被公认为真理的概念。

在古希腊黄金时期之后，人类科技也不断发展。罗马帝国继承了希腊的知识，并发展为实用主义技术文化。特别是在罗马帝国的附属国——埃及的大城市亚历山大，古希腊和埃及发达的数学和天文学融会贯通，并得到了长足发展。除此之外，印度和中国的数学也得到了发展。

但各地的科学技术只在当地流传，无法与更广阔的世界交流而得到进一步发展，人类的科学知识体系也还不够丰富。一方面，能够熟练求解方程和精确计算圆周率的中国实用性数学与印度方便的计数法尚未交流融合；另一方面，印度方便的计数法和希腊研究平方根的逻辑数学也没有相结合。分散在亚欧大陆各地的科学技术模因一直在等

滑轮与起重机

古典时期，希腊人将起重机灵活运用在建筑行业。这一技术经过不断改良，被罗马帝国继承。罗马人凭借起重机等尖端技术和高素质的工匠，在罗马帝国各处建造了宫殿、港口、水道桥、浴场、斗兽场等坚固壮观的建筑物。而这种具有代表性的罗马帝国的建筑技术不仅为人们提供了稳定的住宅、水源和粮食，而且提高了国家威望，增强了人们的国家认同感。另外，即使罗马帝国已经灭亡，这些建筑物也依然伫立在欧洲和北非的土地上，经过岁月的洗礼，为当地人民对先进文明的向往、世界各民族达成共识发挥巨大的作用。

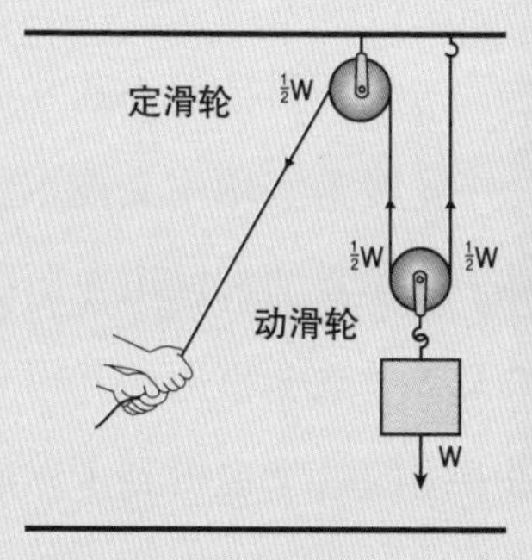

起重机的原理（左图）和罗马水道桥（右图）。定滑轮用来改变力的方向，动滑轮负责把物体的重量分配在两条绳子上。因此，只要把这两种滑轮组合在一起，就可以通过很小的力量轻而易举地拉起物体，这便是起重机。罗马人通过灵活运用起重机，建造出了照片中的水道桥这种雄伟坚固的建筑物

待通过相互融合发展成为一个内涵丰富的综合性体系。最终，阿拉伯帝国的学者实现了亚欧区域内知识文化的联系融合，并以数学为中心取得飞跃式进步。

追求真理、开放性以及阿拉伯帝国的科学发展

7 世纪左右，阿拉伯帝国在伊斯兰教的基础上诞生于阿拉伯半岛。在此之后的数百年间，它逐渐支配和统治了北非、美索不达米亚、安纳托利亚高原、中亚南部和伊朗等地区。由于阿拉伯帝国是在伊斯兰教的基础上形成的，因此人们以为自由的思想很难盛行，也很难与外界进行模因交流。但事实恰恰相反，阿拉伯帝国以其特有的包容性和开放性为文化发展提供了最合适的社会环境。

阿拉伯帝国的核心阶层信奉伊斯

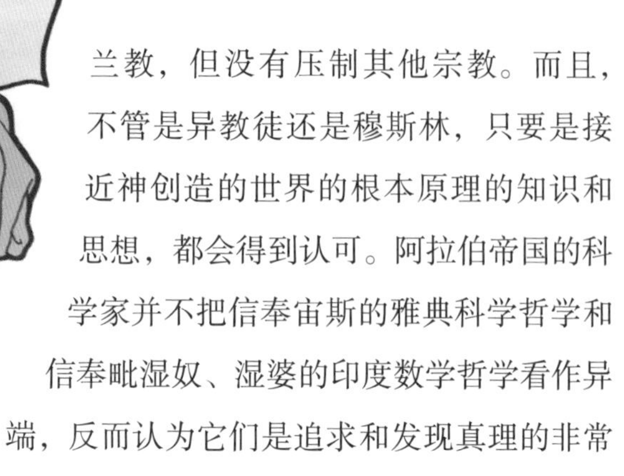

兰教，但没有压制其他宗教。而且，不管是异教徒还是穆斯林，只要是接近神创造的世界的根本原理的知识和思想，都会得到认可。阿拉伯帝国的科学家并不把信奉宙斯的雅典科学哲学和信奉毗湿奴、湿婆的印度数学哲学看作异端，反而认为它们是追求和发现真理的非常有用的工具。因此，这部分人可以说是推动阿拉伯帝国科学发展的重要社会群体。阿拉伯帝国如海绵般不断吸收古希腊、古印度和古中国的各种知识和文化，并对其进行严谨的探究和评价，取其精华，去其糟粕。除此之外，他们也努力结合自身知识，实现知识的融合统一。

能够反映阿拉伯帝国知识开放性的是其庞大的藏书和翻译事业的发展。此前阿拉伯半岛的人并不懂得计数的方法，对几何学感到很陌生，关于物质性质的相关理论也一窍不通。但随着阿拉伯帝国逐渐征服和统治美索不达米亚、埃及、印度等区域，与亚非欧大陆多个地区进行交流，人们开始接触各地的书籍以及书中蕴含的各地的知识、文化和经验，也就是开始懂得所谓的模因。从此，阿

拉伯帝国开始不断收集相关书籍，并且为了方便本国学者学习书中的知识，大力推进翻译事业的发展，并将这些书籍翻译成各种语言。这一翻译工作主要是在以巴格达的智慧宫为代表的阿拉伯帝国的大学中进行的。在智慧宫，阿拉伯学者将古希腊哲学、数学、化学和医学书翻译成了阿拉伯语，还将波斯语和梵语的数学书和哲学书，以及汉语和叙利亚语书籍翻译成了阿拉伯语。10 世纪在开罗建成的另一座智慧宫中，收藏了包括 1.8 万册科学书籍在内的 200 万册书。另外，在阿拉伯帝国各地的清真寺或地方专科学校——伊斯兰经学院中也收藏了大量书籍。

长期以来，在阿拉伯帝国吸取的科学知识精华中，推动本国学问发展的模因有两类，即中国的造纸术和印度的计数法。阿拉伯帝国用纸莎草纸和动物毛皮制成的羊皮纸来制作书籍。但把树木的纤维质捣成纸浆在水中摊平晒干制成的纸价格更加低廉，不仅书写优美，而且质地轻薄，方便携带和阅读。通过比较纸莎草纸、羊皮纸与纸张，阿

阿拉伯帝国

阿拉伯帝国是在伊斯兰教的基础上诞生的，统治和支配着多个拥有丰富文化和知识的强大国家。

拉伯学者认为纸张是保存知识的最有效手段。阿拉伯学者将中国的造纸术进行改良，还建立造纸厂，使用机械锤，生产优质的纸张。当时，造纸术使得书籍制作变得轻而易举，并成为广泛吸收、学习和传播亚欧各国知识文化的催化剂。

印度的计数法在 8 世纪左右传入阿拉伯帝国。古代印度运用十进制和进位制的数字体系。所谓进位制是指用数字放置的位置来表示数的位数的数字体系，即使不像中国和埃及那样运用很多符号也能表示大数的计数方法。在印度，只需要运用 1、2、3、4、5、6、7、8、9 这九个数字和数位，就能表示所有的数字。后来，“某一位置可不添加任何数字”这一新概念被逐渐导入，最终在 9 世纪左右出现了数字 0。

新概念

因为除了印度数学家之外，没有人认识到“某一数位什么都没有”需要用数字来表示，所以 0 的出现是一种新概念。虽然 0 在实际生活中用处不大，但遇到需要解方程等数学问题时，其用处和重要性便凸显出来了。

阿拉伯帝国的数学由此开始逐渐使用印度的计数法进行记述与研究。除此之外，印度的计数法也成为阿拉伯帝国数学革命的基础，并以“阿拉伯数字”这一名称传入欧洲，成为现代数学和科学的基础。

阿拉伯帝国在中国造纸术和印

度计数法的基础之上，吸收并融合了中国的代数学、埃及的天文学、古希腊的几何学以及物质的性质理论和医学，实现了科学革命。虽然化学和医学等领域得到了很大发展，但在本书中，将阿拉伯数学的发展看作一直影响本国

勾股定理

根据《九章算术》记载，中国数学家更早证明了毕达哥拉斯定理。在《九章算术》这本书中，毕达哥拉斯定理被称为“勾股定理”，通过追本溯源可以发现，这一定理的诞生可以上溯到周代。勾股定理作为古代中国数学技术的基础，主要通过直尺和圆规来测量和绘制图形。其中，人们把直尺简称为“股”，将圆规简称为“规”。根据中国古代综合性数学书籍《周髀算经》的记载，中国学者商高运用卷尺画一条长度为3的底边，接着画一条长度为4的直角边，则斜边的长度便可知道是5。除此之外，商高还通过运用直尺，将三角形的直角边当作任意一边作正四边形，得出两个小正四边形的面积之和（9+16）与大四边形的面积（25）是相同的，由此便简洁地证明了毕达哥拉斯定理。

中国传说中的文明祖先是伏羲和女娲。画中右侧的伏羲举着股，左侧的女娲拿着规

科技发展最根本的因素。

阿拉伯帝国数学领域中最先发展的是代数学。代数学简单来说就是研究方程的数学。方程指的是根据已知数和已知数之间的关系列一个以上的方程，推算出未知数或者未知数之间关系的方法，这是现代物理学、天文学、工学等学科的基础中的基础。

早期对方程的研究在以中国为代表的多个地区得到了很大发展。特别是在古希腊数学和科学高度发展的阶段，中国数学著作《九章算术》一书记录了面积与分数、比例、等差数列、平方根、体积、线性方程组以及勾股定理等数学概念，充分展示了当时中国数学的发展样貌。

特别是中国人提出的“负数”这一概念对代数学的发展做出了巨大贡献。负数这一概念是为了进一步系统地规范解方程的方法才提出的数学模因。用 3 减去 5 的话就会变成“–2”，虽然在实际生活中没有用 3 减去 5 的状况，只需要用 5 减去 3，但是需要灵活运用移项来解线性方程组时，运用负数来计算会简便很多。因此，负数模因的应用，特别是在解线性方程组时灵活运用移项，对促进代数学的发展、构建新的框架有重要意义。

阿拉伯帝国的学者们将世界各地高度发达的代数学与古希腊的数学证明相结合，并由此提出了二次方程原理，

花剌子米

实现人类代数学知识的融合与发展的花剌子米。“代数学”一词源于他的数学著作

为人类数学和科学的发展奠定了基础。其中最具代表性的人物是花剌子米。

公元 813—833 年，花剌子米在智慧宫任职。820 年左右，他就解一次方程和二次方程的原理出版了集大成之作——《代数学》。此书的出版象征着现代代数学的诞生。首先，“代数学”一词来源于此书。此书中出现的“复原”一词用阿拉伯语读作“al-jabr”，此处读作“algebra”，由此衍生出了代数学这个词。更重要的是，这本书正式规定了通过复原与对消解方程的方式。花剌子米用“复原”一词来表现的这种解方程的方式指的是通过移项将原方程中的负项变成正项，这便是现在我们所说的移项的原理起源。而“对消”这种方式指的是方程等号两边相同的项可以对消，或者是数学字符相同并且幂次相同的项可以进行合并。

另外，此书的另一重大意义在于通过灵活运用几何学的知识具体证明了特定方程有其特定的解。早于花剌子米约200年的印度数学家婆罗门笈多首次运用几何学来解二次方程，所以印度在这一数学领域处于绝对领先地位。但相比印度这种欧几里得式数学理论，花剌子米用更加体系化的数学证明整理并发展了新的解方程理论，为后代科学的发展奠定了不可磨灭的坚实基础。

花剌子米通过融合中国、印度以及希腊的数学，制定了代数学的基本原理，并为二次方程这种当代尖端数学体系的创立做出了巨大贡献。另外，花剌子米的许多著作在欧洲传播开来，推动了人类科技的发展。

在阿拉伯帝国，除了代数学以外，三角函数也得到了很大发展。根据代数学的发展历程，我们可以看到，人们希望通过已知的少数信息（或者说更容易获取的信息）来推出更多新的信息，并且这种需求也能通过毕达哥拉斯定理或者勾股定理反映出来。毕达哥拉斯定理反映了直角三角形的三边关系，其实用性在于，根据这一定理，可以在已知两条边的情况下推出第三边的长度。在根据三角形性质得出更多未知信息的几何数学体系中，诞生了三角法这一概念，并由此发展出了正弦、余弦和正切这一三角函数体系。三角函数体系指的是根据任意直角三角形的锐角角度以及两边长度中的任意两个条件（锐角角度和任意一边长度，或者是两边长度），即可推出未知角的角度和未知边的长度的函数，三种三角函数都可以以各自不同的直角三角形信息来推导出剩余未知信息。进一步说，只要我们知道了三大函数之间的关系法则，即使只知道正弦函数的相关已知条件，也可以推导出余弦函数和正切函数的相关信息。也就是通过相对较少的条件，可以推导出更多的信息。因此，现在旨在根据有限的已知条件得出更多未知信息的现代天文学家、物理学家、数学家和工程师在工作中都离不开对三角函数这一数学法则的灵活运用。

最先将三角法发展成三角函数体系的数学家出现在印度。在应用简便的计数法的基础之上，印度进一步发展了几何学和代数学，并于公元 6 世纪左右进入了黄金时期，而这一阶段的数学家兼天文学家希帕霍斯等人也为三角函数的发展做出了巨大贡献。特别是希帕霍斯根据角度准确计算出了正弦和余弦的值，并精确到了小数点后四位，还进一步探索了两个函数之间的关系。

斜面

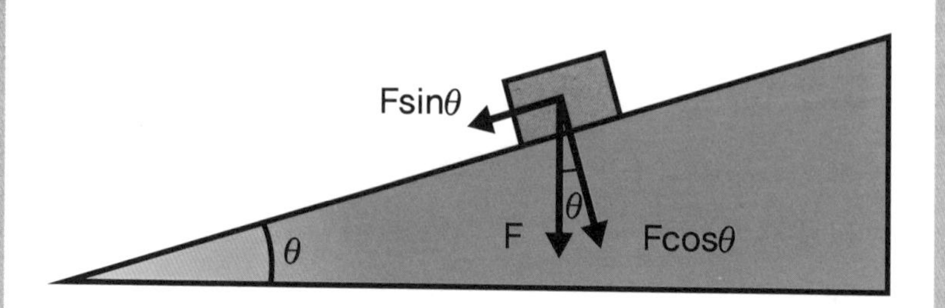

通过直梯爬到 10 米用的力（F）和通过 30 度斜面爬到 10 米用的力有什么差别？非常简单，即通过 30 度斜面爬上去用的力是直梯爬上去所用力乘以正弦 30 度的值，所以前者用的力更小。根据阿拉伯数学家测定的正弦函数表可知，正弦 30 度的值是 0.5，所以通过 30 度斜面爬上去用的力是直梯爬上去所用力的一半。三角函数可在利用限定条件的基础上推算出未知信息。实际上，像伽利略这样的后代欧洲科学家运用三角函数以及斜面的原理等概念开创了关于力和运动的概念，为现代科学奠定了基础。同时，这种数学和科学原理也为欧洲机械工程的发展建立了新的框架

阿拉伯帝国的天文学家将印度的各种天文学和数学书籍翻译成阿拉伯语，并深入研究。另外，他们还出版了托勒密的《天文学大成》等古希腊时期关于三角法的相关书籍。在此基础之上，阿拉伯帝国进一步发展了可进行远程测量、绘制世界地图、测定海上船的位置、解释天体运行规律的三角函数的模因。

其中，最先取得显著成就的人是阿尔·巴塔尼。除了

阿尔·巴塔尼

阿尔·巴塔尼活跃于9世纪后期和10世纪初期。他准确观测了太阳和月球之间的轨道，并构建了数学模型。此外，他还用数学预测了日环食现象。为了更好地理解天体运动，阿尔·巴塔尼对三角函数倾注了很大热忱

人们相对熟知的正弦函数和余弦函数，他与当时阿拉伯帝国的几名学者创造性地提出了正切函数，并进一步整理了三者之间的基本关系。

阿尔·巴塔尼去世后，天文学家、数学家阿布·瓦法，以及天文学家、地理学家、历史学家和数学家（能说7种以上语言）比鲁尼进一步发展了三角函数。瓦法之前在巴格达活动，而比他年轻30岁的比鲁尼在现阿富汗地区的加兹尼活动。但两个人通过与阿拉伯帝国知识分子之间的书和书信交流，超越了时间和空间的差异，对三角函数的原理都表现出了浓厚兴趣。两人凭借对天文学的共同

兴趣，一起制作了精准的三角函数表，并探究了三个函数之间的关系。除此之外，两人还通过运用三角函数共同研究并测定了巴格达和加兹尼这两个城市之间的时差，与现在官方公布的时差基本一致。

从印度计数法的引入到三角函数的发展，阿拉伯帝国一直在对知识的渴望下，不断吸收印度、中国和希腊的知识，并取长补短地进行发展融合，从而形成了更加庞大的综合发展体系。另外，探求真理的崇高价值也由此延伸到了数学和科学领域。阿拉伯人认为，从几何学和数学中可以挖掘出宇宙和神的真理。因此，阿拉伯帝国并没有强行让化学家制造金子，或是让数学家制造大炮。但学者更热衷于对模因的构建和对真理的探求，并组织建立学术机构和大学来加强学术交流，同时收藏各种翻译书籍，以供经济条件不好的学者参考。

在此背景下，阿拉伯帝国不断促进学者进行自由性、创造性和集中性的学术研究。在这一过程中，成千上万的学者构建、分析、融合并发展了各种各样的学术理论模因，并将数学、天文学、化学、医学等各方面的知识与经验统合成一套综合性学术体系。尤其是在阿拉伯帝国得到显著发展的代数学和三角函数，之后也传播到了欧洲等地区，成为推动人类科学发展的基本材料。

“尤里卡”不是全部

科学可能是某一瞬间的灵光一现，也可能是一次偶然的发现。例如，阿基米德在浴缸中突然大喊一声“尤里卡”（Eureka）时，发现了“浮力”；据说牛顿在观察苹果掉落时偶然发现了万有引力；弗莱明在休假前不小心将放置葡萄球菌的培养皿敞开放置，两天后回来发现同事培养的青霉菌扩散到了葡萄球菌培养皿中，并将其溶解（由此，弗莱明发明了抗生素——青霉素）；等等。但很多人只是把这类伟大的构想和发现片面地归功于“偶然”与“瞬间”。这种思想倾向无疑忽视了这些“尤里卡”发生之前所必需的长期努力，以及发现这些现象之后的努力和反复实验。再加上这些偶然的瞬间中有很大一部分是后人编造的，所以我们对这些名人逸事的真实性也应该反复考察。

具有代表性的科学事例是阿基米德定律，即曾经生活在意大利叙拉古的阿基米德所经历的某种事件和与之相关的流体静力学法则。阿基米德既是以杠杆原理为基础发明了各种机械装置和武器的工程师，又是精通理论计算和几何学的数学家。因此，当工匠用同等重量的银子滥竽充数给国王打造王冠被发现时，叙拉古的国王——希罗找到了阿基米德。

由于不能轻易把神圣的王冠融化，因此为了明确王冠的成分，阿基米德不得不开始进行现在我们熟知的非破坏鉴定的实验。在没有超声波等必需的条件下，该如何测定王冠的成分呢？用一样多的金子再做一顶王冠吗？但是，如果工匠用了相同重量的银子代替金子进行打造的话，二者的重量也是相同的。

阿基米德躺在浴缸里苦思冥想的时候，从水溢出来的现象中得到了启发。虽然这在我们看来是再平常不过的事情，但阿基米德却有了重大发现。“尤里卡！”他大喊一声，意为“我明白了！”

阿基米德从这件稀松平常的事情中发现了伟大的

物质所占的
那样
这样
体积
那样
这样
?
尤里卡!

数学原理。如果在浴缸中放进体积大的物体，会溢出大量水；反之，如果放进体积小的物体，则会溢出少量水。也就是说，溢出的水的体积与放入的物体的体积是相同的。另外，水的体积与水的重量成正比（在4℃条件下，1千克水等于1升水的重量）。因此，某一物体的体积可以根据它进入浴缸排开水的重量来测定。阿基米德将这一原理与之前所掌握的物质性质方面的知识综合后发现：如果两个物体的性质和成分不同，即使它们的重量相同，体积也会不同（比重指体积与重量的比）。换句话说，如果工匠在王冠中掺入银子的话，在与金块重量相同的情况下，其体积肯定与纯金的金块存在差异。把它们放进水中，通过比较溢出水的重量，便可判断工匠是否在打造过程中滥竽充数。

当今的学者关注的绝不只是阿基米德的一声“尤里卡”，其焦点更偏重于他取得发现之前对重量和体积、比重、各物体性质的测定方法等专业知识的掌握。此外，阿基米德定律也绝不仅仅是物体重量和体积的测定方法，而且是浮力定律。另外，阿基米德在测定时也不只是简单地把王冠和金块分别浸入水里，而是在水中把两个物体置于天平两端，并人为控制天平向金块一边倾斜。两者的重量原本是完全相同的，但阿基米德却要在金块一侧施力，原因就在于他考虑到了某一种力的作用（浮力）。阿基米德经过研究发现：在水中，王冠比金块实际要“轻”，因为同重量下王冠比金块排开的水更多（水的重量更重）。也就是说，这种物体排开水的重量就是“浮力”的作用。阿基米德由此总结出一点：“漂浮在液体上面或浸没在流体中的物体受到向上的浮力作用，其大小等于物体所排开的流体所受的重力。”从阿基米德身上我们可以看到，他伟大的科学发现并非偶然，而是源于他不懈的学习和努力，并在此基础上坚持进行研究，才最终得出了意义重大的科学理论。

阿拉伯化学——现代化学的基础

在阿拉伯帝国，化学和数学一样，在欧亚许多地区的影响下得到了很大的发展。其中，古希腊科学对阿拉伯化学的发展起到了重要的作用。正如上文所说，泰勒斯、亚里士多德以及德谟克里特等人建立了研究物质性质和变化的传统。到了罗马时代，这种传统逐渐与通过物质变化来制造黄金的炼金术的知识体系相融合。阿拉伯帝国的许多学者认为，只要准确理解物质的本质和变化规律，就可以制造黄金。为此，阿拉伯学者在研究中发现了各种物质及其属性，并整理出了研究物质的方法，积累了作为现代化学基础的模因。

首先，他们发明了物质蒸馏的方法，并充分运用这一方法对各种物质进行分离和结晶。在蒸馏过程

阿拉伯的化学

阿拉伯帝国的化学家运用物质分离和合成的方法研制出了药品和香水等有用的物质

中，自然状态下因与其他物质混合而隐藏的钾和铵明矾等各种物质被发现，从而使人类对于构成自然界的基本物质有了更深刻的了解。人们通过这些方法，对花和植物的其他部分进行蒸馏，从而研制出了香水和药品，并制作各种染料，对皮革和布料进行染色。另外，阿拉伯帝国的化学家还发现了能够与硫酸和酒精等其他物质发生强烈反应的物质，并进行进一步研究。除此之外，他们还合成了氯化汞等各种新物质，这是实现当今药品、尼龙和塑料等各种物质制造的合成化学的开端。

因此可以说，阿拉伯帝国的学者是现代化学的先驱，他们发展了化学，并使化学更加系统化。随着阿拉伯化学的发展，阿拉伯帝国的各项产业不断进步，药学和医学也得到了进一步发展。另外，由物质研究方法和物质的相关知识所构成的阿拉伯化学传到了印度、中国和欧洲，成为现代化学的基础。

欧洲科学的起源和发展

欧洲充分继承古希腊和阿拉伯帝国的科学探索精神，并灵活掌握其科学知识，实现了科学文明的发展。从15世纪在意大利奠定基础，一直到17世纪后期牛顿在科学领域取得众多成就，欧洲的科学不断发展，人们称这一时期为“科学革命”。从经历了漫长发展过程、以阿拉伯帝国的科学等早期科学知识为基础，以及人类对其不断发展并继承了它的科学思维方式等方面来说，把这一时期欧洲的科学发展称为一场“革命”，其实是不恰当的。但对于欧洲人来说，它无疑是一场革命。因为经过这一时期，欧洲人的知识体系和思维方式相比之前有了很大转变。

托马斯·库恩在《科学革命的结构》这本书中指出，15世纪以前的欧洲人所拥有的是与他们的基督教世界观

顶尖科学

当时公认的一种稳定的科学体系。这种顶尖科学是由当时的人们通过筛选和综合科学模型与理论得出的。

相吻合的“顶尖科学”。当时的欧洲人一直认为，宇宙是神以地球为中心创造出来的完美世界。但随着哥白尼和开普勒的数学研究结果——地球并非宇宙的中心以及伽利略的观测结果——宇宙并非完美无缺（木星有自己的卫星，太阳上也存在黑子）被公之于世，欧洲人的这种“顶尖科学”受到了很大的冲击。因此，曾经以基督教的宗教观念为模型的欧洲的“顶尖科学”逐渐向以古典时期希腊的科学知识和阿拉伯帝国的数学为基础进行严谨观测从而得出数学原理的学科方向转变，这使得理性主义的世界观在欧洲社会逐渐传播开来。

理性主义世界观是指运用数学逻辑对宇宙万物的运行原理和因果关系进行探索的思维方式。比如，一个人即使知道太阳东升西落，碰到荒年，粮食价格会上涨，也不能仅凭这一点说这个人是理性主义者。所谓理性主义的世界观，应该是首先了解太阳运动和粮食价格变化的原因，并在此基础上运用数学逻辑对它们价格变化的过程进行说明的一种思维方式。由于在这种理性主义世界观的指导下，人们通过对自然现象的观察和实验来推动科学理论的诞

生，因此相比文化等其他领域来说，这种理性主义世界观对科学技术发展的贡献更大。并且，在经历了科学革命以后，欧洲人像之前阿拉伯帝国的学者一样，在理性主义世界观的基础上实现了科学技术的进一步发展。

在本章中，我们将首先从欧洲社会的发展状况说起，因为它使欧洲的科学发展得以实现。另外，我们还将对引领当时欧洲科学的发展，为理性主义世界观的构建做出杰出贡献的哥白尼、开普勒、伽利略和牛顿等天才的生平和成就进行分析。

欧洲社会的发展和欧洲科学的萌芽

在阿拉伯帝国的科学取得长足发展的同时，欧洲科学却相对停滞不前。但到了 11 世纪，阿拉伯帝国对欧洲的侵略不断减少，欧洲的气候长期温暖，农业产量提高，人

推动欧洲科学发展的主要地区

以继承和运用阿拉伯帝国和拜占庭帝国的科学奠定了欧洲科学发展基石的意大利半岛为起点，到哥白尼和开普勒比较活跃的东欧地区，再到牛顿进行科学研究的英国等地，在欧洲科学发展史上都是比较有名的地区。

口也不断增加，促进了各地农村经济的发展。因此，欧洲的经济实力和军事实力得到了加强，这使得欧洲人开始梦想通过与阿拉伯帝国对决来实现征服和扩张。由于大部

大学

被阿拉伯帝国烟波浩瀚的知识世界感染的欧洲人开始到处创办大学，促进知识的发展。以 1088 年建立的欧洲第一所大学——博洛尼亚大学为开端，这一时期创办了巴黎大学、牛津大学、摩德纳大学、剑桥大学、蒙彼利埃大学、帕多瓦大学、图卢兹大学等知名学府。这一时期的大学主要由教会或者地方官员组织创办，并由他们进行招生和聘请教授。大学的建立进一步促进了欧洲的基础学科以及哲学、神学的发展，并通过研究从阿拉伯帝国流传开来的译著开启了研究数学和天文学的新篇章。

意大利博洛尼亚大学面向多民族招生，是一所法学学校

分欧洲人信仰基督教，因此在“实现对圣地耶路撒冷的远征”这一教皇号召的煽动下，欧洲各民族纷纷开始对阿拉伯帝国进行征服行动。由此开始的欧洲征服活动被称为“十字军东征”。通过十字军东征，欧洲近距离接触到了阿拉伯帝国丰富的文化和知识，并由此开始重新认识世界。

对高水平知识和文化的渴望使得欧洲人在接触阿拉伯帝国先进文明的相关书籍和各种知识体系时做了相同的事情，那就是翻译阿拉伯帝国的书籍，接受他们的知识体系。12 世纪时，欧洲人将阿拉伯帝国通过翻译成阿拉伯语而保存下来的古希腊书籍以及阿拉伯帝国的数学、化学和医学等书籍均翻译成了拉丁语。这一时期在欧洲广泛流传的书籍主要有欧几里得的《几何原本》、托勒密的《天文学大成》，以及花剌子米的《代数学》等。

十字军东征之后，在与阿拉伯世界积极进行贸易与交流的过程中，欧洲人访问和研究阿拉伯世界，直接学习阿拉伯文化发展的秘诀。13 世纪的数学家——莱昂纳多·斐波那契便是一个很好的例子。斐波那契出生在意大利比萨的一个商人家庭，小时候跟着父亲到北非的阿拉伯地区经商，接触到了阿拉伯的知识文化。成年以后，他也经常到阿拉伯旅行，并对数学进行了深入研究，30 多岁就写了

Press

《算盘书》一书，将阿拉伯数学介绍到了欧洲。在书中，他并没有机械性地全盘接受阿拉伯数学，而是详细地介绍阿拉伯数学如何将欧几里得的几何学和印度数学进行融合，介绍欧洲人进一步发展阿拉伯数学取得的成果，还对阿拉伯数学发展的原因和过程进行了分析。

当时，政治和宗教领导阶层普遍关注科学。斐波那契也因此受到了神圣罗马帝国皇帝腓特烈二世的直接支持。欧洲各地的人纷纷开始研究数学和天文学，他们超越民族和国界，在各地的大学齐聚一堂，形成了一个个知识团体。

由此，科学的发展也为促进欧洲社会的发展做出了巨大的贡献。以数学、测量术、天文学以及船舶建造术等为基础的航海术便是其中的代表。曾经与世隔绝的欧洲人开始活跃在地中海和大西洋，在实现经济发展的同时促进了文化的进步。其中，15 世纪的意大利是实现这一良性循环的典型代表。

15 世纪的意大利为促进文化发展营造出了最理想的社会环境。从 12 世纪开始，意大利的热那亚、比萨以及威尼斯等城市（也可称作“城邦国家”）通过海上贸易实现了经济富足和主权独立，并取得了长足的发展。到 15 世纪，佛罗伦萨和博洛尼亚等意大利的许多内陆城邦经济实力也不断增强，并取得了政治上的自主权。并且当时意大利各个城邦之间关系一直很和谐，贸易往来和交流也十分密切。另外，由于这些城邦十分重视贸易交流，因此有很多公民走出国门，也有很多外国人来到这些城邦进行经商等活动。

通过这种贸易交流，阿拉伯帝国的知识和技术传到了意大利，阿拉伯帝国保存下来的古希腊书籍也被重新发现。除此之外，各个城邦的公民和领导阶层也十分重视知识和文化。他们不仅对自己城邦美丽的建筑物、雕刻和美术作品有着深深的自豪感，而且始终认为正是艺术和大学吸引人们来到城邦，推动城邦经济不断发展。在意大利的许多城邦，新创造的艺术与知识模因会得到严谨的评价和传播，这些模因的创造者也会得到支持和鼓励，从而继续积极地进行创作。

作为古罗马帝国的中心，意大利继承了很多研究如何恢复《罗马法》和罗马帝国时期土木和建筑技术等有价值的遗产。再加上到了12世纪以后，除了之前妥善保存了罗马帝国遗产的拜占庭以外，许多国力得到增强的意大利城邦在这一方面也发挥了很大作用。特别是15世纪拜占庭帝国灭亡以后，拜占庭的许多知识分子便将自身的文化和知识带到了意大利。另外，在15世纪传入意大利的谷登堡印刷机也适应了当时的社会环境，极大地促进了意大利文化的发展。

在这些因素的共同作用下，15 世纪意大利的许多城邦取得了前所未有的文化发展，这一时期被人们称为“文艺复兴时期”。虽然这一时期建筑、美术和雕刻艺术等领

谷登堡印刷机

谷登堡印刷机是 15 世纪由德国的约翰内斯 · 谷登堡研发出来的一种螺旋挤压式金属活字印刷机。它作为一种能够低廉高效地印刷书籍的机器，在当时的欧洲得到了广泛的认可，并在很大程度上促进了欧洲文化的发展。谷登堡印刷机主要运用了两大核心技术。第一种是活字印刷技术。在活字印刷技术出现以前，人们主要运用的是雕版印刷技术。雕版印刷起源于中国，这种技术需要把书里的每一页内容刻在木板上，再涂上墨水进行印刷。而活字印刷术是把每一个字都做成活字，根据书的内容组合排列进行印刷。北宋时期，中国的毕昇发明泥活字，标志着活字印刷术的诞生。1440 年左右，谷登堡发明了第一台铅活字印刷机，并建立了活字印刷工场。第二种技术是螺旋挤压技术，这种巨大的螺旋是古典时期在美索不达米亚平原被研发出来的。到公元 1 世纪，地中海地区的人开始用这种螺旋来榨取橄榄油和葡萄汁。因此，相比第一种技术，欧洲人对螺旋的用法比较了解。谷登堡在活字上涂上油墨，然后放在纸上，用螺旋进行挤压，使纸张和活字紧贴在一起。通过反复进行这套工序，人们很快就能把书印出来。谷登堡不仅巧妙地融合了活字印刷术和螺旋挤压技术，而且通过将黄铜与铅混合制成合金改良了活字印刷。谷登堡印刷机和印刷术由此诞生。

域的发展最为显著，但与其相互作用的科学技术也取得了很大进步。

其中，发展最突出的领域是透视法和机械。对这两个领域的发展做出巨大贡献的是列奥纳多·达·芬奇，他在促进文艺复兴思想和艺术发展方面发挥了很大的作用。他始终以准确记录自然现象

文艺复兴

文艺复兴即文学艺术的重生，在古希腊和古罗马文化体系的影响下，这一时期的文化取得了飞跃性的发展。

谷登堡印刷机和印刷术是在融合了活字印刷术和螺旋挤压技术这两种技术的基础上研发出来的机械模因，为欧洲文化的发展做出了巨大的贡献

一点透视法

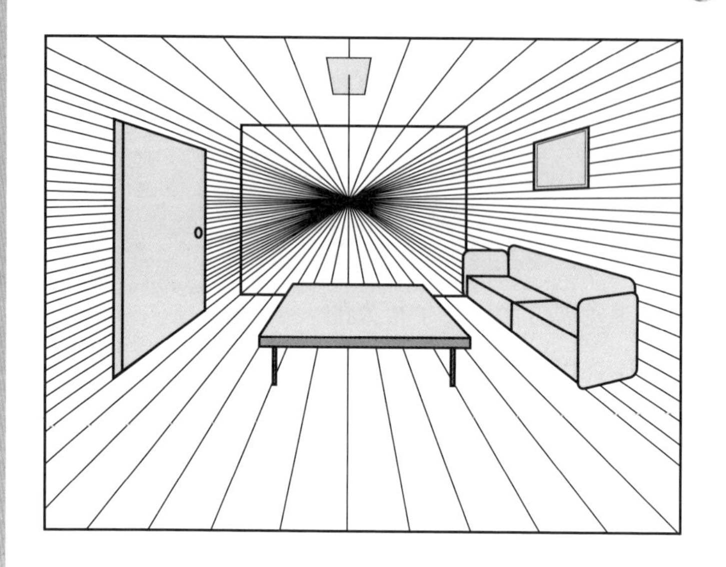

以一个点为基准，将三维空间投射到二维平面中的方法叫作一点透视法

和探索其中蕴含的数学原理为目标，并由此对透视法和机械产生了浓厚的兴趣，为引发人们关注世间万物的运行原理做出了贡献。

在文艺复兴时期被人们广泛关注的透视法指的是人们在观察自然现象时首先运用的一种关于范例的几何学理论。一般来说，人们在观察某一事物时常常只集中看一个点。在这种情况下，需要我们运用本书第60页图中的几何结构，在大脑中形成一种对事物的远近和立体感的感知。

另外，当我们看到运用这种几何关系创作的画作时，也会不自觉地产生一种“立体感”。也就是说，运用这种视觉的几何学原理能够在二维空间中表现出三维的立体世界。当时列奥纳多·达·芬奇等研究者对这一事实都有很深的感触，因为它的发现不仅意味着可以运用严谨的几何学原理来解释人类的视角，而且意味着视觉的几何学原理能够被应用于美术和建筑设计等多个领域。达·芬奇不仅研究透视法，而且研究自然界中蕴含的各种几何学原理，并创作了《维特鲁威人》等作品。在达·芬奇看来，所谓几何学不仅能说明人类的视角，而且能说明人体和蜗牛壳的样子，是最神秘和根本的宇宙万物中包含的原理。另外，受达·芬奇等文艺复兴时期艺术家在美术和建筑中表现出来的透视法和几何学奥秘的影响，欧洲人对数学、几何学和天文学也产生了浓厚的兴趣。

在文艺复兴时期，人们不仅对透视法，而且对各种器械和水力、风力等自然力量产生了浓厚的兴趣。当时，意大利人乘船穿梭于地中海，不仅对测量和天文，而且对浮力和张力等各种力及其运用方法越来越关注。另外，他们还通过向孩子展示由齿轮和滑轮构成的水泵、建筑工具以

列奥纳多·达·芬奇

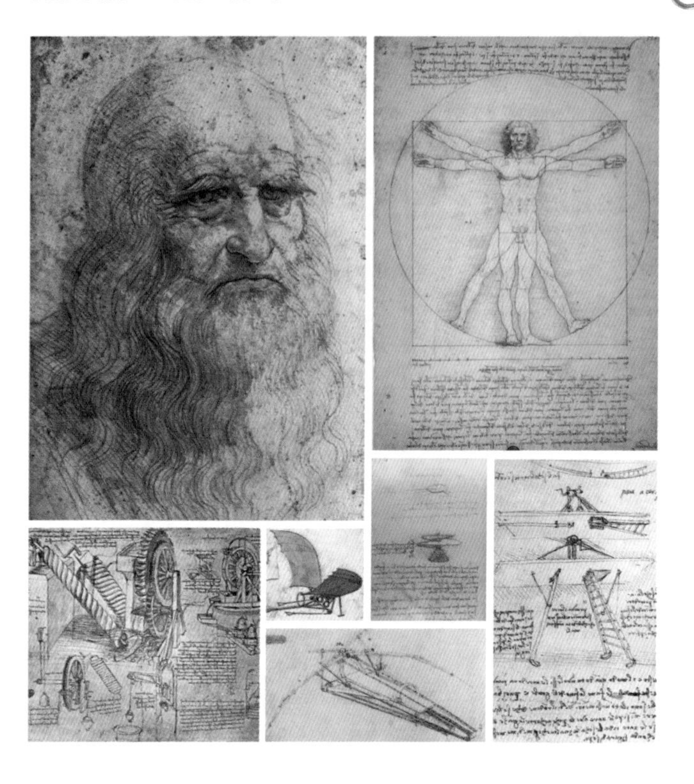

“文艺复兴之最”指的是像列奥纳多·达·芬奇一样，对多个领域感兴趣，并能够融合各种知识的人。伊奥尼亚的泰勒斯和阿拉伯帝国的比鲁尼都可以称得上是“文艺复兴之最”。像达·芬奇这样的“文艺复兴之最”，能够发现只专注于某一领域的人未曾发现过的相差甚远的知识框架之间的关系，并在充分融合不同领域知识框架的基础上提出新的方向，创造新的思想。另外，达·芬奇通过对人类视角、生物结构和机械原理等进行广泛的研究，发现了宇宙万物中蕴藏的几何学原理，从而为欧洲理性主义奠定了基础

及兵器等机械的工作过程，培养孩子对这些机械的兴趣，并对研究物理力量的科学产生了梦想。

达·芬奇灵活运用齿轮、滑轮、螺旋和斜面等原理，设计出了复杂但实用性强的泵、切削机和武器，并参与设计了 200 多米长的桥梁。后来，达·芬奇又梦想通过运用物理学来实现飞行。虽然达·芬奇并没有建立精确的物理学理论，但他绘制了一幅仿佛立刻就能飞向天空翱翔的既帅气又有趣的飞机设计图。而这幅设计图的出现也使欧洲人对力学和机械充满了兴趣。

到了 15 世纪，意大利对几何学、数学、天文学、机械学等领域的社会关注度越来越高。当时意大利的知识分子对欧几里得的几何学和达·芬奇的透视法进行了广泛的讨论，深入研究了托勒密的天文学，并领悟到了阿基米德定律中蕴含的深奥的物理学原理。后来，意大利对科学技术的这种高度关注逐渐扩展到了整个欧洲，欧洲的科学也在 16 世纪和 17 世纪以天文学和机械学为中心取得了长足发展。

探寻天体运行的原理

波兰天文学家尼古拉·哥白尼生于普鲁士，在从事牧师工作的舅舅家长大。上大学时，他对天文学产生了浓厚

哥白尼与《天体运行论》

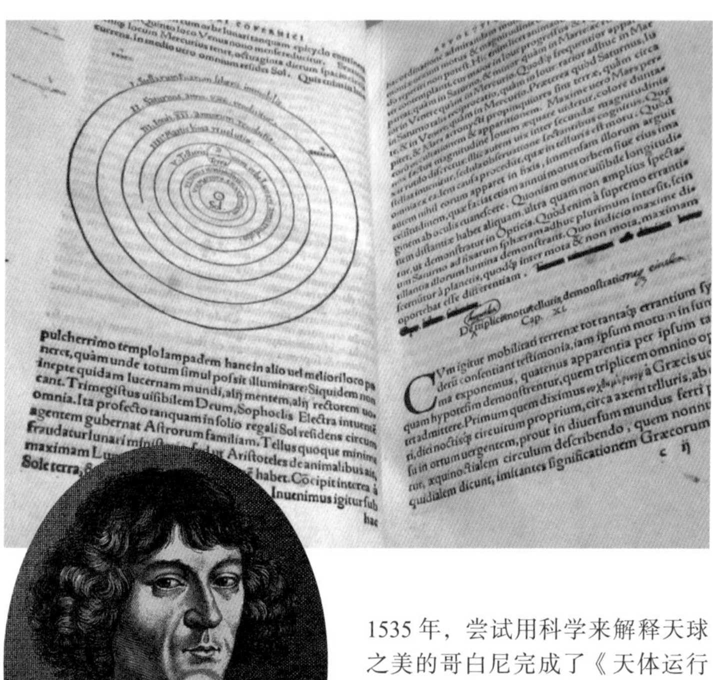

1535年，尝试用科学来解释天球之美的哥白尼完成了《天体运行论》(右侧)的初稿，但当时他既担心人们会因为“地球在自转”这一言论而取笑他，又害怕自己所构建的这一数学模型依然存在漏洞。《天体运行论》实际上是在《浅说》一书的基础上完成的，并且在他的弟子——格奥尔格·雷蒂库斯的建议下才于1543年正式问世

的兴趣，并认为能够集中体现上帝的荣耀和天地创造之美的完美体系便是“天球”。哥白尼在意大利留学时接触到了前沿的神学和天文学理论。回国定居以后，他一直在教会工作，并苦心研究自己认为最完美、最美丽的“天球”。

哥白尼年轻时撰写了《浅说》一书，对托勒密在《天文学大成》中提到的“天球”模型相关的基本问题做出了解释。虽然托勒密描绘出了水星和金星等行星以地球为中心做圆周运动的模型，但这一模型中各圆周的中心点各不相同，且从数学原理上来看也不完善。因为水星和金星等行星实际上是以太阳为中心做公转运动的，而托勒密却要利用以地球为中心的天球模型来解释，所以导致这一模型不完善。相反，哥白尼将太阳作为行星运动的中心，根据这些行星自转速度的差异完美地排列出顺序，即由内到外依次是太阳、水星、金星、地球、火星、木星和土星。

哥白尼通过将太阳置于宇宙的中心，进一步扩大了人类认识的宇宙的大小。所有闪闪发光的星星都围绕太阳转动。比如，以太阳为基准，地球和天狼星位于太阳同侧和位于太阳两侧并相距甚远时，我们在地球上看到的天狼星的大小应该是不同的，只是这种差异用肉眼看不出来，因为天狼星距离地球和太阳都很远。哥白尼认识到了这一事

哥白尼的天球

天狼星

实，他指出，地球和其他闪耀的星星之间的距离相比人类的认知要远数百倍，因此不管是和地球位于太阳同侧还是异侧，从肉眼看来几乎没有大小差异。并且他始终坚信，巨大的天球正是伟大的造物主创造的伟大作品。

《浅说》使哥白尼被世人知晓，但因为没有几何学提供支撑，所以并没能引起太大的关注。哥白尼很快开始尝试将宇宙模型转化为严谨的数学模型，并试图获取大量的观测数据为其提供支持。最终，他将宇宙观与几何学模型相结合，于 1543 年出版了《天体运行论》。

太阳

托勒密的天球

开普勒

约翰内斯·开普勒（1571—1630）构建了现代行星运动学

哥白尼模型有大量与当时被普遍接受的地心说模型相悖的观测结果和运算加以说明，所以《天体运行论》在知识分子阶层中引起了轰动。1571年出生于德国的约翰内斯·开普勒将哥白尼的宇宙模型与大量观测资料相结合，构建了行星运动的综合模型。

因深厚的信仰被宇宙的神秘和占星术吸引的开普勒在20多岁时就曾有与哥白尼天球相关的神秘体验。如果哥白尼的日心说是正确的，那么他又是如何准确得知宇宙由

开普勒多面体和宇宙的神秘

根据哥白尼模型，开普勒认为六条行星轨道与五个柏拉图多面体恰好对应。当然，太阳系的行星不止这几个，所以这一想法是错误的，即开普勒的意识观念中依然带着过去神秘主义科学的色彩。但是，在不断探索的过程中，他对当时欧洲人最核心的模因之一——地心说进行反驳，促进了神秘主义科学向理性主义科学的转变。哥白尼、开普勒和接下来将提到的伽利略与牛顿都以宗教信仰或神秘主义为基础，但是他们通过在研究过程中应用不断发展的观测工具和数学，加速了神秘主义的崩溃和理性主义世界观的普及。

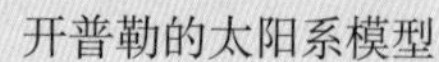

开普勒的太阳系模型

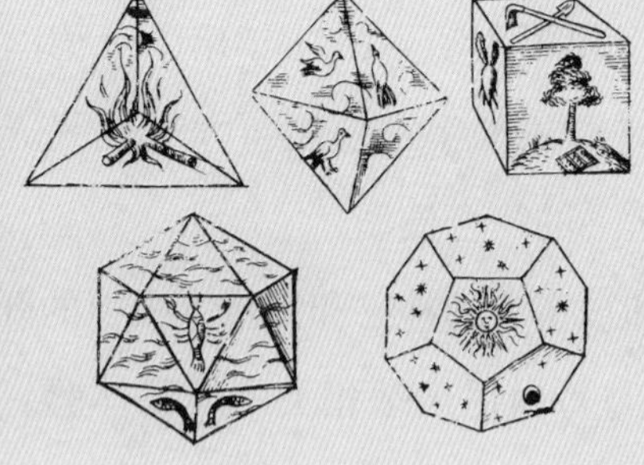

柏拉图多面体是各面由正多边形构成的正多面体，仅存在 5 种

布拉赫的天球仪

第谷·布拉赫制作了一个巨大的天球仪，因为上面详细刻上了角度，所以可以准确测定恒星与行星的位置

六大行星构成的？这一疑问浮现在了开普勒的脑海中。根据对哥白尼天球模型的计算，水星与金星、金星与地球、地球与火星、火星与木星、木星与土星等相邻行星轨道间存在的五种关系分别与世上仅有的五种柏拉图多面体一一对应。开普勒被隐藏其中的神秘触动，彻底成为一名哥白尼主义者。

开普勒在《宇宙的神秘》中揭示了哥白尼体系的神秘之处，却缺乏能够加以证明的观测资料，而且开普勒的

开普勒定律

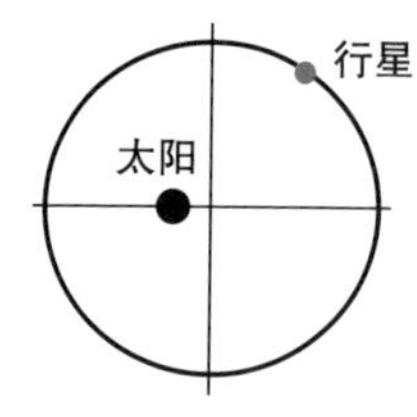

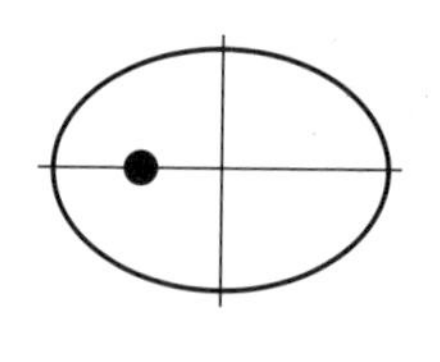
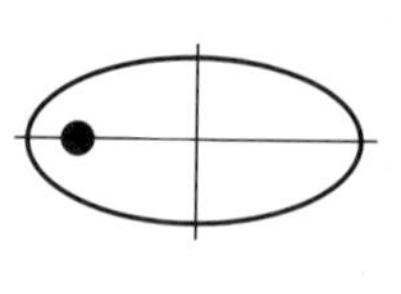

1. 所有行星绕太阳运动的轨道都是椭圆，太阳位于椭圆的焦点上

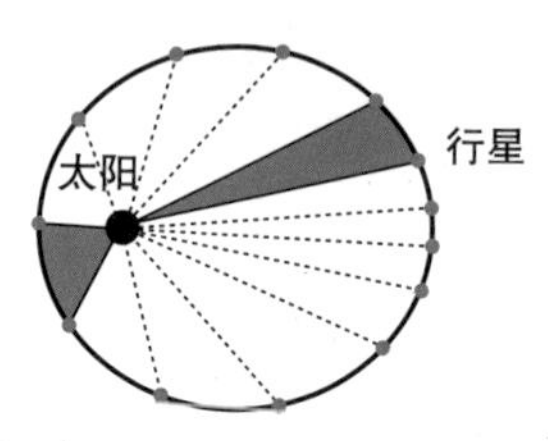

2. 行星和太阳的连线在相等的时间间隔内扫过相等的面积

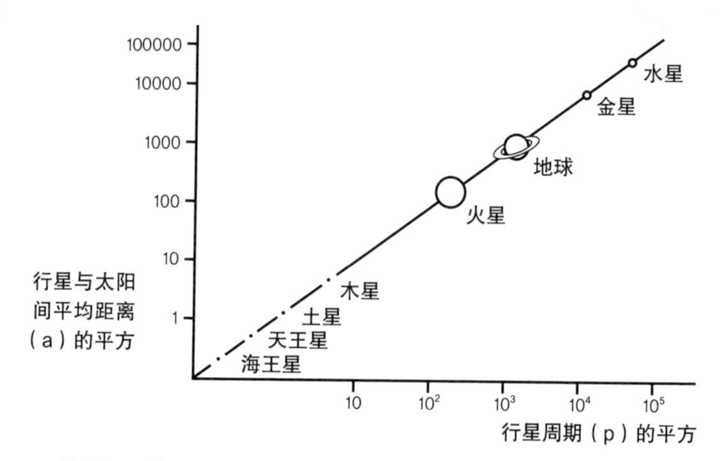

3. 所有行星绕太阳一周的恒星时间的平方与它们轨道长半轴的立方成比例，距离越远的行星运动速度越慢，它们之间的关系用公式 $P^2=a^3$ 表示

但丁的九层地狱

但丁所作的《神曲》深刻地反映出了当时人们的精神世界。这幅图描绘的漏斗状地狱直通地心

视力很差，无法直接观测夜空。因此，开普勒拜访了当时拥有最多最精确观测资料的著名天文学家第谷·布拉赫。

对第谷·布拉赫的观测资料进行仔细研究后，开普勒意识到，想要正确描述以太阳为中心运行的行星运动情况，必须引入天文学中尚未涉及的数学模因。行星轨道并非圆形，而是近似圆形的椭圆形，因此，开普勒借用了古典时期亚历山大、阿波罗尼奥斯等天文学家发明的圆锥曲线。1618—1621年，开普勒借助圆锥曲线完成了《哥白尼天文学概要》一书。这本书中提出，开普勒三大定律对以太阳为中心的行星运动进行了完整记述。

但是，哥白尼与开普勒的宇宙观脱离了当时欧洲文明的主流学说——基督教主导的科学学说。基督教《圣经》主张地球是静止不动的，太阳围绕地球转动，并在书中记载了许多可以证实这一观点的故事。其中，约书亚祈求太阳停在空中的故事是反映这种矛盾的最直接原因。欧洲民众依然将地球视为土地，坚信地下有地狱，是宇宙的一个深邃的洞。

虽然支持日心说的学者都是虔诚的基督徒，但到了开普勒时代，哥白尼的宇宙观与基督教科学的宇宙观产生了更大分歧，人们逐渐认识到这两种观点是无法和谐并存的。在两种宇宙观的对立过程中，虽然开普勒也积极拥护哥白尼体系，但在历史长河中留下深刻印记的哥白尼体系的守护者则是伽利略·伽利雷。

伽利略生于欧洲教会的中心——意大利，他使用望远镜进行天体观测后认定了哥白尼宇宙观的正确性。自1611年访问罗马开始的近30年间，伽利略一直为拥护哥白尼的宇宙观而不断努力。伽利略相信哥白尼宇宙观是神

伽利略的望远镜

伽利略·伽利雷制造出了当时最先进的折射望远镜，观测到了之前人类无法观测到的天文现象。伽利略发现了海王星，观测到了月球表面和银河，木星有四颗卫星以及太阳的黑子。记录了伽利略观测结果的《星际使者》等书引发了强烈反响与争议，“完美宇宙”的概念逐渐坍塌。伽利略望远镜可以追溯到阿拉伯帝国时期，阿拉伯帝国的人懂得使用凸透镜放大远处的物体以便于观看，这一技术在十字军东征后流传到了欧洲。欧洲人利用镜片发明了眼镜。特别是在文艺复兴时期的意大利，达·芬奇等对视觉和光学感兴趣的人重点对玻璃与镜片进行研究，尝试研究打磨玻璃镜片的仪器和加工玻璃的方法。17 世纪初期，荷兰的一个眼镜匠人首先发明了望远镜，伽利略想到了用这个仪器来观测星星。一个月后，伽利略做出了当时最先进的天文望远镜，这一切都基于意大利先进的玻璃加工技术。

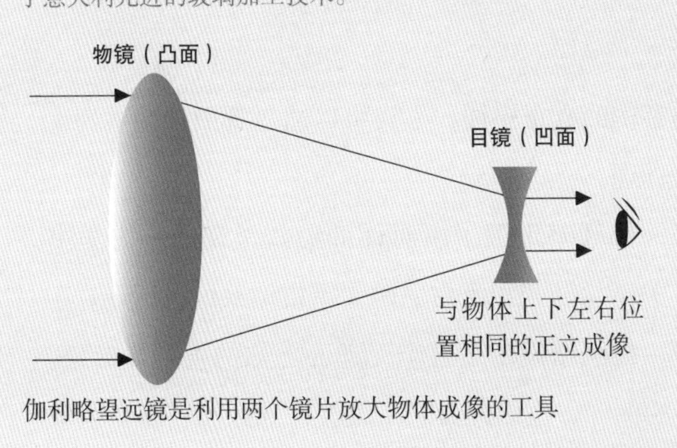

伽利略望远镜是利用两个镜片放大物体成像的工具

伽利略·伽利雷

伽利略（1564—1642）推动了天文学和力学领域的发展，并为构建理性主义的世界观做出了贡献

所创造的宇宙的真正模样，人类可以通过观测和数学理论掌握这一真理。

后来，伽利略出版了以对话的形式呈现的宇宙学书籍——《关于托勒密和哥白尼两大宇宙体系的对话》。在这本书中，伽利略设定了一个无趣而无知的主人公形象，讽刺教会的保守，也因此激怒了教会，导致伽利略在宗教审判中被判有罪。伽利略的《关于托勒密和哥白尼两大宇宙体系的对话》、开普勒的《哥白尼天文学概要》与哥白尼的《天体运行论》都成了禁书。

传记作家黑姆勒本曾说："传说伽利略（被判有罪后）一边站起来一边自言自语，'但它仍然在动啊'。很明显，他并没有这样的举动，但是他内心肯定是这样想的。"在伽利略之后，也有许多欧洲学者不懈努力，为探求真理而献身。伽利略被审判之后，基督教的宇宙观被逐渐淡忘，哥白尼的宇宙观有可靠的观测结果加以证实，且可以完美预测到各种现象，因此逐渐得到了欧洲人的认可。两大宇宙观尖锐对立，使得后代科学家在探求真理的路上摆脱了宗教知识或其他规范的阻碍，理性主义世界观被广泛接受，同时也促进了科学的进步。

探寻力与运动的原理

当代的物理学是运用相对论、弦理论和宇宙大爆炸理论等复杂而多样的理论对宇宙万物的原理进行解释的学问。物理学的本质是通过数学手段对物体和粒子施加的力、物体和粒子受力后所做的运动和受力后运动所做的"功"进行分析。伽利略和牛顿等人特别对人与动物的力、水下落产生的力、地球对物体施加的力等我们肉眼可见的力，以及在力的作用下物体（石头、球、天体等）的运动

弹道学

投石机，一种攻城武器。它兼顾力与角度，对弹道和速度进行准确计算后发射，经过几次攻击就可以打破城墙

和功中蕴含的力学原理进行探究，从而奠定物理学的基础。他们的研究通过后人对热能和电能的研究得到发展，到了 20 世纪，研究领域不断扩大，涉及了相对论引力理论、量子能量及运动、原子核蕴含的能量和原子核坍缩等内容。物理学的发展给人类提供了无穷的力量和能源，同时提供了利用这一力量的精确数学原理。下面我们来看看为现代物理学奠定基础的伽利略和牛顿。

伽利略力学源于当时对这一领域有浓厚兴趣的意大利

机械论

伽利略·伽利雷在《机械论》一书中探求了力和运动的规律。《机械论》是将滑轮、斜面和螺旋等多个机械装置运作的原理通过数学方式进行阐释的著作。这难道不是很神奇吗？先是机械，接下来是机械的理论。人类在没有完全弄清数学原理的情况下，通过实验和经验，发明了螺旋、斜面、滑轮、曲轴和飞轮，并能够加以灵活应用。达·芬奇甚至设计出了许多复杂的工具，但却不懂其中蕴含的数学原理。这就像是虽然不清楚草药如何发挥功效，但是却可以使用草药治疗疾病。因此，到伽利略时代为止，工具与机械的模因体系中即使缺乏科学模因体系的辅助，也始终在发展着。从望远镜等事例中可以看出，工具反过来促进了科学的发展。在科学与技术的相互作用下，科学所占据的比重随着科学发展逐渐增大，特别是在欧洲工业化以后，这种倾向更加明显。

17 世纪的水泵利用水的落差使磨盘转动起来，碓作为齿轮传递到圆形飞轮上，再连接多个曲柄向上抽水，水再次使碓运转。齿轮和曲柄利用了力的变化，飞轮保证了水泵运转的稳定性。伽利略的《机械论》对于发明这种复杂而实用的机械具有重要意义。科学和技术始终相互影响、相互作用，伽利略时代以后，科学的作用越发重要

传统。如上文所说，在意大利文艺复兴时期，达·芬奇等人对机械、力与物体运动中蕴含的规律产生了兴趣，对这一领域的研究一直持续到了16世纪。例如，当时生活在威尼斯的尼科洛·塔尔塔利亚应当时与奥斯曼土耳其帝国争夺地中海霸权的海洋强国威尼斯的要求，在弹道学领域进行了探究。

伽利略从青年时期在比萨学习时开始就对下落物体的质量和速度的关系有所关注，他当时很可能在比萨斜塔等地做过自由落体实验。伽利略一开始认为物体下落时，物体的加速度也同时增加。但很快，他意识到了自己的错误，物体下落时恒定增加的并非加速度，而是速度。伽利略的早期力学研究成果在小册子《论运动》与《机械论》中进行了详细叙述。

后来，伽利略经历了与哥白尼理论相关的一系列事件，度过了漫长的艰难岁月。但即使在那样恶劣的环境中，他也未曾停下研究力与运动的脚步。最终，伽利略在1638年出版了《关于两门新科学的对话》。他在书中对自由落体定律、斜面实验、抛物线运动规律和钟摆实验等内容进行了详细说明。

在伽利略之后，推动力学发展并将天文学与力学相结合促进科学理论发展的重要人物是艾萨克·牛顿。1643年，

伽利略力学的两大主要内容

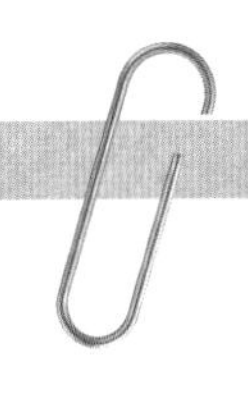

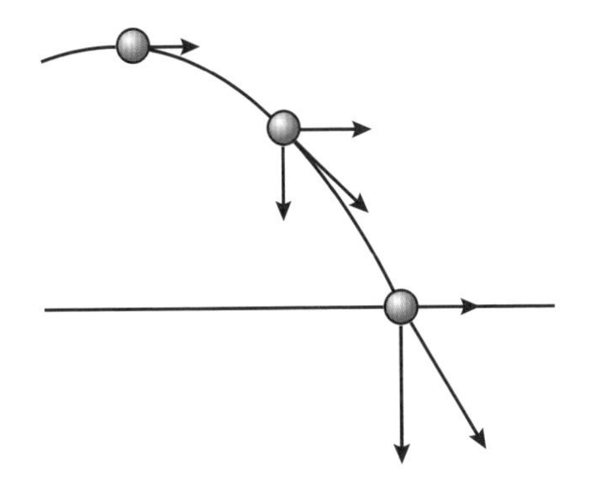

1. 抛物线运动是在直线方向的匀速运动和垂直方向的加速运动同时作用下产生的（一定加速度作用下的下落运动）。伽利略将其整理为几何学，后来牛顿用数学公式将其表现出来

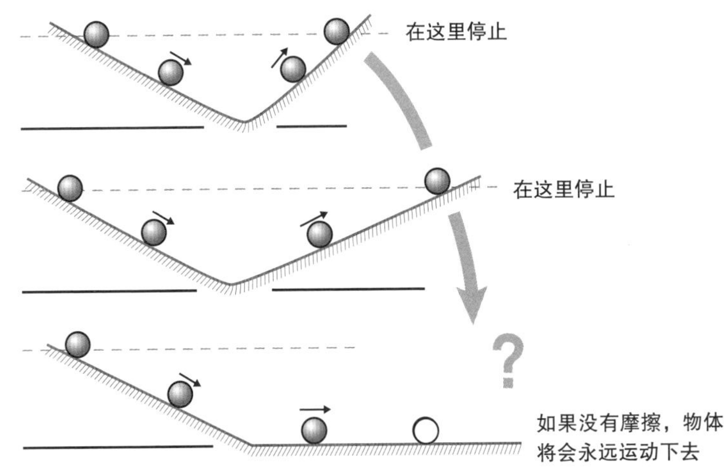

2. 已经处于运动状态的物体如果没有其他的力加入，将会一直运动下去。虽然地球自转，但是垂直向上运动的物体又会落下来，是因为地球上的所有物体都与地球一同持续进行着圆周运动。因此，伽利略虽然没有使用惯性一词，但实际上却被认为是明确指出惯性概念的伟大人物

牛顿生于英格兰一个幸福的家庭，经常研究风车的原理，制作风车模型，并以剑桥大学为据点，奠定了现代物理学的基础。牛顿对物理学做出的贡献可以概括为四点。第一，牛顿的光学研究改变了对光的本质进行理论研究的传统。第二，将速度等持续变化的数，即“变量”通过简单的数学公式表现出来的数学方法得到发展（因此，牛顿时代的学者不再像伽利略一样仅用图形和理论，而是用简单的方程对物体运动进行说明）。牛顿同时促进了对变量变化率或总变化量进行计算的微积分学的发展。第三，牛顿以伽利略等人的力学研究为基础，利用微积分等数学研究成果促进了力与功以及物体的运动（轨迹、速度、加速度、速度与加速度的变化等）相关的力学体系的发展。第四，牛顿将发展后的数学和力学与开普勒等人的天文学成果相结合，将行星运动和万物运动中蕴含的根本原理总结为“万有引力定律”。牛顿使得宇宙万物的力和运动通过数学模型表现出来，真正的现代物理学得以成型。下面，我们通过重点介绍牛顿的万有引力定律诞生的过程来了解牛顿是如何取得这些伟大成就的。

《自然哲学的数学原理》

包含对开普勒定律的数学证明、三大运动定律（惯性定律、力和运动关系的定律、作用力和反作用力定律）和月球运动的偏差、海洋潮汐的大小变化等内容，共分三卷。

艾萨克·牛顿

艾萨克·牛顿（1643—1727）促进光学发展，整合微积分学，完成了古典力学的研究

牛顿1687年出版的《自然哲学的数学原理》一书中介绍了万有引力定律。万有引力定律综合了牛顿发现的向心力定律、作用力和反作用力定律以及开普勒天体运动定律等严谨的数学理论，是关于物体间作用力的定律。万有引力定律解释了行星的运动，进一步阐释了万物运动中蕴含的根本原理，是非常珍贵的理论成果。

研究万有引力定律历史的学者说，牛顿年轻时主要关注离心力，对行星的运动感到困惑。牛顿将离心力相关研究与开普勒第三定律相结合，得出了作用于行星的离心力与太阳和行星之间距离的平方成反比的结论。但是，年轻

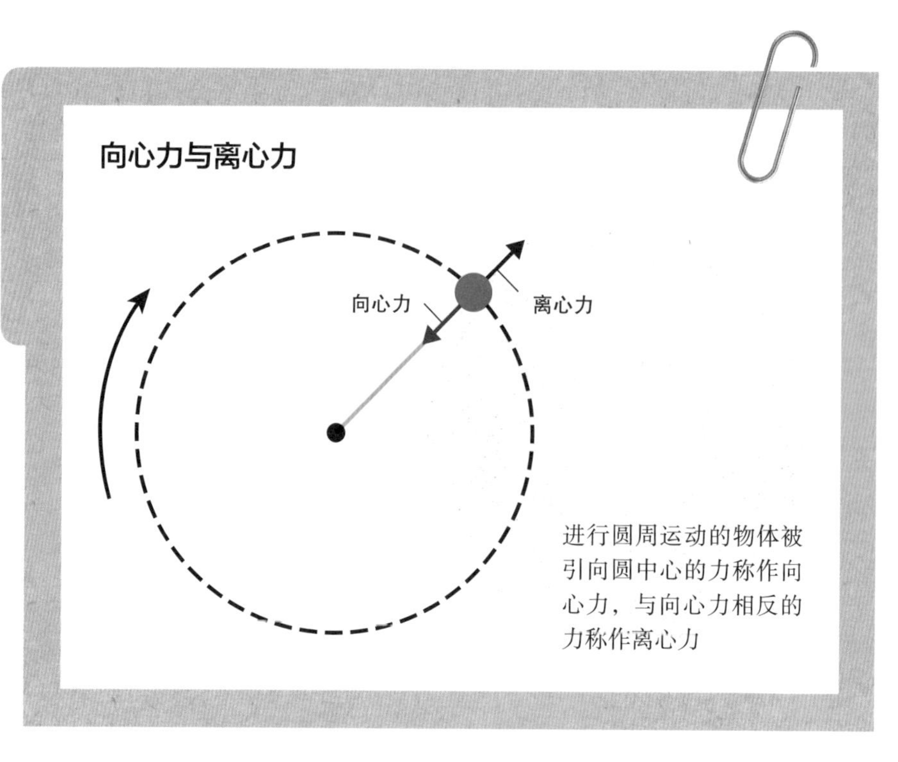

的牛顿并没有格外关注“向心力”。

1679 年，牛顿收到了来自皇家学会的同事，同时也是竞争对手的罗伯特·胡克的一封信。在信中，胡克称自己正在研究将物体运动分解为根据惯性进行直线运动的分量与被吸引向中心物体运动的分量的方法，并且发现后者这种“向心力”与物体间距离的平方成反比。牛顿认可了胡克的这个新想法，也因此得到启发，正式开始了对向心力的研究。

牛顿首先运用几何学来推导向心力规律，然后将向心力规律应用于研究两个物体间的距离与旋转周期的关系上，求出作用于两个物体间（即作用力与反作用力）的向心力公式。这个向心力公式（吸引力公式）就是万有引力公式（万有引力定律）。最后，牛顿利用万有引力定律对行星的轨道模型进行计算，确定它是椭圆形的，证明了万有引力定律与开普勒定律的一致性。这时距离牛顿第一次关注到行星运动已经过去了 20 年。

牛顿的万有引力定律清楚地解释了自然界中的基本力及其作用原理。万有引力（F_1，F_2）是依据物质的一种特性——质量（m）产生的力量，力的大小受到两个物体的质量（m_1，m_2）、物体间距离的平方（r^2），以及万有引力常数（G）的影响。

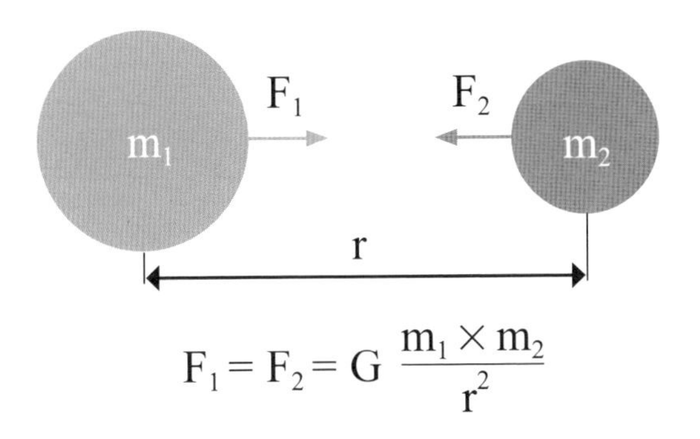

牛顿不仅对宇宙现象进行描述，而且对其中隐含的数学原理进行探究。此外，哥白尼和开普勒的宇宙学说也因为牛顿的研究而被认定为真理。牛顿与当时英国的许多学

者一同对光的性质、天体和物体的运动、天体和物体间的作用力等多种自然现象进行科学研究，利用微积分等最先进的数学成果在这些领域取得了重大成就。

哥白尼、开普勒、伽利略以及牛顿等人向欧洲传播了一种意识，即只要通过数学方法和实验进行研究，就没有无法获取的真理。理性主义科学的推论和分析不仅局限于天文学或物理学，人类社会的经济、社会制度、历史等多种现象，生死、消化、呼吸等生命现象，多种化学现象，以及气候和生态等地理现象，几乎所有领域都有所应用。

学会的起源

1662 年，皇家学会在英国成立，英国国王查理二世作为会员加入。1666 年，法国科学院成立。英国皇家学会和法国科学院最初是学者定期聚集在一起共享彼此的研究成果、发表论文集的地方。从 16 世纪开始，欧洲人对科学的兴趣与日俱增。以此为基础，两个学会大大促进了 17 世纪以后英国和法国科学的发展。学会专注于更加专业的知识产出，成为超越地区和大学，分享和讨论知识与信息的场所，逐渐成为高水平科学知识活跃涌现和传播的地点。特别是这两个学会象征着两个国家赋予科学的高度社会价值，代表国王和政府对科学的全面支持。因此，科学家逐步成为自身的评价者，产生了主导科学进步过程的想法。学会的成立是欧洲科学家追求真理、掌握主导权、加快集体学习和文化发展步伐的关键。

欧洲式理性主义具有两面性。其优点是在理性主义的影响下，欧洲的经济学、社会科学、生物学、医学、化学、地理学等多个领域逐渐崭露头角。在这个过程中，数

学、科学、技术与多个领域相互作用，取得了重大发展。特别是后文将提到的工业化以后，科学不仅以追求真理为学术目标，而且向着改变社会结构和人类生命状态的技术目标快速发展。也就是说，欧洲的理性主义促进了丰富世界人类文明的多个学科领域的发展，特别是促进了科学的发展和科技文明的进步。

但同时，理性主义世界观也有着黑暗的一面。人类具有不完美和非理性的一面。长期以来，心理学家对理性主义非理性的一面进行了大量研究。在这个过程中，人类提出自己想问的问题，选择自己想要的信息，并以自己青睐的方式进行观测。人类的这种特征使得理性主义社会学长期无法意识到社会经济阶层的问题或性别歧视问题。理性主义科学和工程学没能意识到地球生态系统破坏问题或科学技术带来的负面影响（例如战争），理性主义科学曾在一段时间内无法意识到自身的不健全，在这一点上，它与宗教信仰是相似的。我们应当仔细审视未来理性主义科学面临的类似问题，并思考科学的现状与未来。

光是什么？

通过达·芬奇的透视法和伽利略的望远镜，我们可以看出，人们对视觉与光学的关注度一直在慢慢上升。在牛顿时代，这种好奇往往与视觉、光学以及物理学的一个最根本的问题相关，那就是："光是什么？"

首先，在科学界占据主流地位的理论是克里斯蒂安·惠更斯提出的光的波动说。惠更斯综合了先前研究者的各种观察结果，提出了光其实是一种波的观点。其中，关于光的双折射的实验结果成为证明其波动说的决定性依据。

光的双折射指的是光通过方解石等岩石时分解为两束光，并沿不同方向折射的现象。此时，如果对岩石角度进行调节，可以使分离开的两束光线中的一束

光的波动性与 3D 电影

将左侧两幅图片进行适当重叠，并用力使双眼分别看向两幅图片时，会感知出一定深度

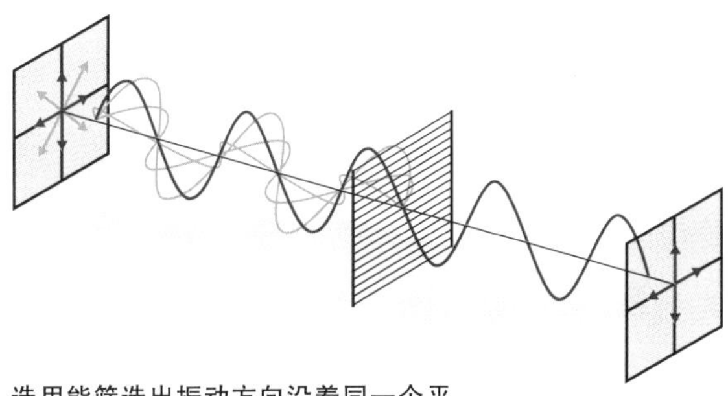

选用能筛选出振动方向沿着同一个平面的光波的滤镜来进行投影，并配合使用具有相同原理的眼镜，可以轻松实现观看 3D 电影的效果

3D 电影体现的其实是一种对光的波动性与偏振光进行活用的技术。人们之所以对立体做出感知，是因为人的双眼存在角度差异，且眼部肌肉所传送的电信号在人脑中会以“深度”的形式被反映出来。因此，若将两张相同的图片适当地进行重叠，并

使双眼分别注视其中一张图片，由于眼睛角度不同，因此会随之产生立体的感觉。这就是“电眼”的工作原理。3D 电影同电眼类似，使用的就是将两个影像进行重叠并投射到屏幕上的技术。但是，由于我们无法做到在看动态影像的两小时内全程向眼睛施力，因此 3D 电影一般要使用到两个偏光器。首先在两台电影放映机间插入只允许一种偏振光通过的滤镜，使一侧是竖直偏振光，一侧是水平偏振光，并将两种光所成的影像分别投射至两侧屏幕。然后再佩戴镜片规格是一边只允许竖直偏振光，另一边只允许水平偏振光通过的 3D 眼镜进行观看即可。这样一来，人们可以毫不费力又自然而然地感知到影像的深度。

达到最大亮度，而另一束则会暗至消失；而反过来，如果想将消失的那一侧调至最亮，并让原来最亮的那束光消失的话，只需将岩石旋转 90 度即可。也就是说，这“两束光”之间相差了 90 度。惠更斯将实验结果与自然界中存在的粒子与波动等现象进行综合考量，最终得出了结论，即光是由携带各种“偏振光”的波组成的。

相反，牛顿则通过棱镜色散实验得出推论，即光是由粒子组成的。在实验过程中，他在非常昏暗的暗室墙壁上穿了小孔，然后又通过此孔洞引入一束阳

双重三棱镜

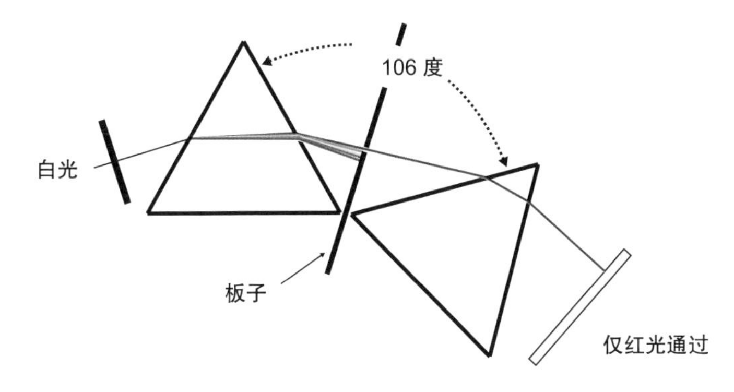

如果说光是一种波，那么在通过第二个棱镜时也应该产生彩虹。但是，通过第二个棱镜的红光并没有分散出其他颜色，且和通过第一个棱镜的弯折角度相同

光，并使其穿过棱镜。如此一来，通过棱镜的光束形成了美丽的彩虹。牛顿对笛卡儿和波义耳所做的棱镜实验进行了各种改变和发展，从而证实了光的微粒论（粒子论）。可以说在这些实验当中，设置双重三棱镜的实验起了决定性作用。

牛顿在第一个三棱镜后放置了一块有缝隙的板子，并在其后又放置了一个棱镜，使通过第一个棱镜的彩虹光中仅有一种色光可以到达第二个棱镜。假设光是一种波，那么由第一个棱镜滤过的红光仅仅是白光的一种变形罢了，在接触第二个棱镜时本应再次产生变化，从而展现出五颜六色的彩虹来。但是，通过第一个棱镜的红光在经过第二个棱镜后颜色没有发生任何变化，用蓝光进行实验也是如此。此外，各种色光在第一个与第二个棱镜中的弯折角度是相同的。显而易见，这样一来，我们就完全可以将白光中的红光和蓝光看作具有不同性质（折射角度）的粒子群了。

事到如今，光的波动论与粒子论这两大阵营间的争论依旧没有定论。通过双折射实验，人们认为光是一种波，做棱镜色散实验后又觉得光是一种粒子，这教人如何能得出结论呢？但是，后世的一些科学家反而因此对光的这种奇妙特性产生了极大的兴趣，他们认为对光的本质的研究是十分有价值的。而且，针对光所展开的科学研究与电磁学、相对论、量子力学等西方科学中一些最伟大的成就均有关联，可以说其研究范围是极其宽泛的。

科学革命的结构

托马斯·库恩的《科学革命的结构》从知识与方法论的积累与关联引领了科学发展这一观点出发，着眼于之前被人们忽视的科学上的一些革命性变化，对其原理进行了说明。虽然《科学革命的结构》一书为读者提供了多种知识与论点，但笔者在此处仅对范式这一概念以及科学革命的四个阶段做简要的讲解。

严格来讲，范式是两种概念的结合。一方面，它指的是某一领域的科学家所持有的整体“世界观”；另一方面，它也可以指科学家解决问题、进行观察与实验并综合总结出结果的过程中所运用的科学性“工具”（若用本书中的概念来表达，则指“模因”）的集合。比如，在哥白尼之前，欧洲人普遍持有的世界观是，地球是宇宙的中心，整个宇宙是一个完美的整

1962 年，哲学家托马斯·库恩发表了《科学革命的结构》，以“范式理论”为中心提出了科学的新观点

体。在此基础之上，人们运用与之相切合的数学“工具”（有关圆与球体的几何学相关知识）以及托勒密的理论，用地心说对行星运动的观测结果做出了总结概括。像这种能够得到巩固并且被维护的范式可以说就是当时的主流科学，即“常规科学”。

科学革命的第一阶段是处于“稳定”状态的常规科学时期。而此时，若出现了靠常规科学范式无法进行说明的新的观测结果、现象和问题，就会进入科学革命的第二阶段，即“危机时期”。这些危机促使科学家开发出新的模因理论，对现存模因进行重新探讨，并迅速做出修订，甚至还可能就此提出与现有范式相差极大的新范式。虽然托勒密提出的地心说范式当时是常规科学，但它无法对行星运行问题做出解答。所以，哥白尼从地球运动这一新模因入手，从一个全新的角度解决了此问题，并由此提出了日心说理论。如上所言，像这种新范式产生并与旧范式展开竞争的阶段叫作科学革命的第三阶段，即“科学革命”。而当大多数科学家接受了新的范式之后，此范式便成了“新的常规科学”，由此便进入了科学革命的最后一个阶段。

纵观科学史，我们可以发现，诸如此类的革命性的范式转换与更替是时有发生的。哥白尼、开普勒、伽利略纷纷通过个人新的观测与计算结果给过去声称地球是宇宙中心以及地球是完美球形天体的范式带来了危机，同时，他们提出地球运动以及椭圆轨道等新模因，从而一步步改变了当时科学家广泛沿用的范式结构。他们为此做出的努力一直延续到牛顿时期，后来牛顿力学这一新型范式又成为当时的常规科学。而接下来爱因斯坦的相对论以及普朗克、玻尔的量子力学的提出也是范式急剧转变的例子。

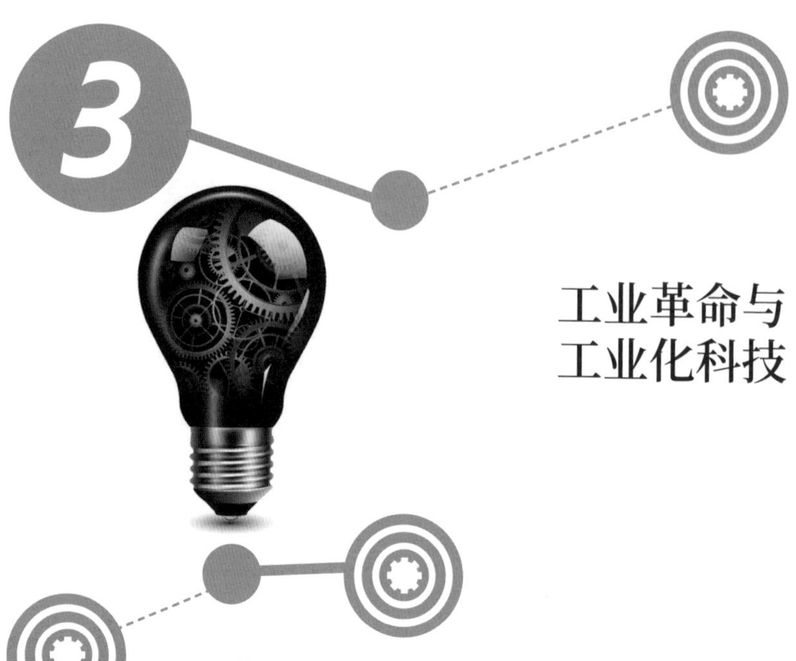

工业革命与工业化科技

18—19 世纪，英美等国纷纷开始以纺织、钢铁、铁路等工业为中心大力发展工业经济，掀起了工业革命的热潮，为全世界范围内持续性的工业化发展进程打下了基础。

人们普遍认为，工业革命的诞生是由蒸汽机、纺纱机、织布机等新型技术与机器的引入与采用引发的。但从统计结果来看，蒸汽机对工业革命的引领作用并不像人们所认为的那样大。它并没有得到迅速和广泛的传播与推广，而纺纱机与织布机在欧美国家工业化进程的初期也没有起到那么巨大的作用。相反，可以说 18 世纪在英美等地出现的人口急剧增加以及由此产生的经济规模、资本规模、工人阶层人数的增加和工厂工业批量生产体系、薪

莱特兄弟首次试飞的场景。他们驾驶着自己制造的飞机进行了首次飞行，其飞行距离比当今世界上最长飞机的机身长度还要短。因此，很难说这架飞机本身如何改变了我们现今的社会。莱特兄弟的飞机试飞大大激发了人们对航天事业的关心以及知识积累、技术开发，虽然经过循序渐进的改良与发展，它对人类社会产生了一定贡献，但无法明确说明它改变了当代社会

酬体制的确立等社会范围内出现的变动起到了更重要的作用。因此，与其说机器与技术引发了工业革命，不如说是工业革命促进了各种机器与技术的发展。

反过来看，如果要细分工业革命与工业化时代，我们或许可以从中发现一些不同的视角。因为实际上，在处于工业革命初期的英国，相比蒸汽机这样的科学技术层面的因素，可以说其社会与经济层面发生的变化反而起到了更大的作用。从 19 世纪中后期开始，火车、发电厂、通信设施、内燃机等技术与电磁学、热力学等科学才开始对社会产生影响。那么，18 世纪与 19 世纪期间又发生了什么

事情呢？

首先，在工业化初期，由于科学技术不够完善，因此我们无法断言它们一定为社会带来了巨大的变化。最初的蒸汽机效率非常低，可以说与当时纺织工业所使用的其他机器并无二致。由此可见，各种科学和技术一定要经过充分的改良与提升，在具备效率性与经济性后才能被应用于社会。

其次，某种科学技术被开发之后，社会并不一定要对其予以接纳，并进行着重发展与推进。科技发展带来的知识技术产物是否具有价值，是否能够被运用于其他领域，以及是否能对人类社会的进步做出贡献，最终是要根据社会共同体的评价来进行判定的。例如，在工业化初期，几乎没有工程师和发明家是靠他们所发明的机器与技术来谋生的。因为当时恰好处于卢德运动时期，大批工人对机器抱有强烈的反感，许多发明家的机器工厂因此被捣毁甚至烧毁，而且大多数英国人对此举都持赞成态度。

卢德运动

卢德分子是一类手工业劳动者群体。他们认为，在生产中，机器的大量使用会造成商品贬值，机器生产有可能逐步取代人力劳动，从而产生了反抗之心，并对机器进行捣毁与破坏。

因此，知识与技术体系要想成功为社会所认同并接受，其创造者有必要针对其社会意义与价值向全社会进行广泛传播（想一下在宗教法庭中，对哥白尼天文模型极为拥护的伽利略的事例）。此外，接收方，即从社会角度来看，也有必要对新开发的知识技术的内容、用途、意义与价值有一定的了解。也就是说，创造不单纯指创建新型理论的过程。在本质上，它是一种社会性行为，个人创造的理论与产物只有在社会环境中获得意义，并在社会运行过程中被复制和应用于其他领域，才能被称为一种创造。

因此，在经过工业革命初期的艰难时期后，科学技术终于一步步跃升为欧洲社会的核心力量。之后，从对内燃机、电力、电信等科技的开发开始，科学技术逐渐对人类文明、人类生活与地球环境造成了巨大影响。工业化时代之后，我们不仅要关注“科技是如何进化发展的”，而且要对“科技是如何作用于社会的”这一问题有足够的重视，科学家与工程技术人员的社会责任日渐重要。但是，这类问题未能引起当时人们的关注，直到第二次世界大战期间，原子弹被研制出来之后，人们才真正认识到科学技术所肩负的社会责任。

纺纱机与蒸汽机

工业革命最初来源于英国乡村地区外加工制家庭手工业的发展。18 世纪，英国占领印度，并在美洲建立了自己的殖民地，成为强大的帝国。但这之后，产自印度殖民地的大批廉价棉纺织物涌向英国，给英国传统的家庭手工业造成了极大的冲击与威胁。这种纺织品被英国人称为“白棉布”。此后，英国开始全面禁止进口这种布匹，用其作为原料制成的所有产品也一律禁止流通。依靠政府的保护政策，英国乡村地区以棉毛织品为主的外加工制家庭手工业规模得以扩大，这也成为英国经济持续发展的基石。

外加工制

商人预先向手工业者提供一定的原料和资金，并要求对方为自己制作需要的物品的生产体系。

在农村家庭手工业引领经济发展的同时，英国的许多工程师致力于改良新技术，提升纺线织布的效率。纺织工业一直贯穿人类的生活，同样，作为纺线工具的纺车与作为织布工具的手工织布机也是如此，它们历经了长久的岁月，却一直以来作用于人们的生产生活。但从此刻起，相比这

手工织布机与纺车

古埃及的立式织布机、中国的纺车与丝绸纺织机（从右侧起按顺时针方向）

两种技术，更便利且能减轻人力劳动压力的工厂工业的规模开始扩大。

工业革命初期，对家庭手工业的发展产生过帮助的技术是手工织布机的“飞梭”工具。所谓飞梭，是先在织布机滑槽两侧安置弹簧，再将带有小轮的梭子安装在滑槽里，从而利用弹力使梭子在中间极快地来回穿行的装置。对纺织者而言，使用之前的装置时，需要用一只手推出，

飞梭

织布机两侧装有用绳子连接的弹簧，中间挂着梭子（右侧图示）。它的工作原理是工人用手柄推线，飞梭就会向反方向移动

并用另一只手接住（若布料面积大，在另一端还需要其他人来帮忙接手）。但改良后，省去了许多不必要的麻烦，而且由于身体不再需要特地向纺织机器方向弯曲，因此纺织工作也变得快捷轻松了许多。

不过，在纺纱与织布两种工作中，需要耗费更多劳动与时间的是纺纱。启动一台织布机进行作业之前，需要同时运转好几架纺车来纺纱。所以，在工业革命时期，英国

珍妮纺纱机

织布工詹姆斯·哈格里夫斯发明了名为“珍妮机”的手摇纺纱机。在居住于布莱克本期间，他一直向农民售卖自己制造的纺纱机。然而，由于工人对其机器燃起日益高涨的反感情绪，因此哈格里夫斯夫妇不得不迁居至诺丁汉。从此，他开始在那里扎根，并经营了一家小型纺纱厂。哈格里夫斯于 1778 年离世，留下了一些遗产

的工程师纷纷致力于研制自动化、巨型化的一体化纺纱织布机。最初在 18 世纪中期，路易斯·保罗、约翰·怀特、丹尼尔·沃恩等人研发的纺纱机借助的是动物的力量，而 1767 年詹姆斯·哈格里夫斯研制出了用一个纺轮

带动多个纱锭来进行多线同时纺织的珍妮纺纱机。此后，理查德·阿克赖特以水力为动力发明了卷轴纺纱机（水力纺纱机），于1771年与合伙人一起创办了纺纱厂。1779年，塞缪尔·克朗普顿又结合珍妮机和水力纺纱机的特色，发明了骡机（又称“走锭精纺机”）。

骡机

骡指马和驴的混种骡子，在此处暗含将珍妮纺纱机与以水力为动力的特色进行结合之意。

在这些纺织机的一众发明者中，无论是哈格里夫斯还是克朗普顿，都没有做到直接引领当时社会的剧变或是凭借自己的机器享受到任何经济利益，但他们综合了前人延用的机器中蕴含的各种理念，“工业用机器”这一新型概念也是因他们而诞生的。

工业用机器与社会和其他知识领域之间相互影响，从19世纪大型工厂中运转的自动化机械到现代的机器人，可以说革新是一直在进行的。它受到来自英美国家人口剧增、国民总收入与总资产增多、工厂工业中批量生产现象等影响，一步步为人们所开创并改良。而反过来，工业生产量因为工业用机器而得到增加，这些生产量养活了更多的人口，深化了资本主义经济体系，对工人阶级的形成产生了一定的推动作用。而对工业用机器的发展起决定性作用，同时又给后代人类的生活带来根本性变化的是“化石能源”（也称“化石燃料”）的应用。

在欧洲科学界出现“能源”这一概念之前，化石能源就已经被引入欧洲大陆。所谓化石能源，简单来说就是指长期埋藏在地下的动植物形成的可燃矿物进行焚烧，或处理加工后用来作为能源。18 世纪时，英国开始广泛使用煤炭，随后，热力学、火车及汽车发动机、使用化石燃料的机器均得到了一定的发展与开发。此外，因为化石燃料的高热量，钢铁精炼技术得到了发展，铁路、铁桥、船舰以及钢铁架构的建筑物在 19 世纪开始纷纷出现。人类正是在坚固的钢铁基础上一步步建立了运输网与大都市。

化石燃料还与电磁学的发展进行融合，为人类生活输送了大量电力。因为化石燃料，人类文明社会开始正式享受到科技所带来的福泽。当然，自我破坏式（钢铁战舰、大炮、轰炸机等）以及破坏地球的科技（地球上的化石燃料资源面临枯竭，另外，某些技术的使用使之转化为污染）也得到了一定的发展。不过总的来说，以上所有的进程都是由最初提出化石燃料使用方法的工程人员以及蒸汽机开始的。

其实，懂得借助动物与自然之力的技术从很久以前犁出现的时候就已经存在了。18 世纪，人们就已经普遍懂得利用水的流动与落差原理制造水碓，利用风的力量制造风车。水碓与风车是利用曲柄和齿轮等来实现从自然之力向人们所希望的运动和力进行转化的装置。蒸汽机也是这样一种装置。但制造蒸汽机并不只是像把水壶盖顶得啪嗒啪嗒作响那样，它需要制造出更多蒸汽。产生大量水蒸气，就意味着需要大量水持续性沸腾。不过，有了煤炭作

纽科门蒸汽机与瓦特-博尔顿蒸汽机

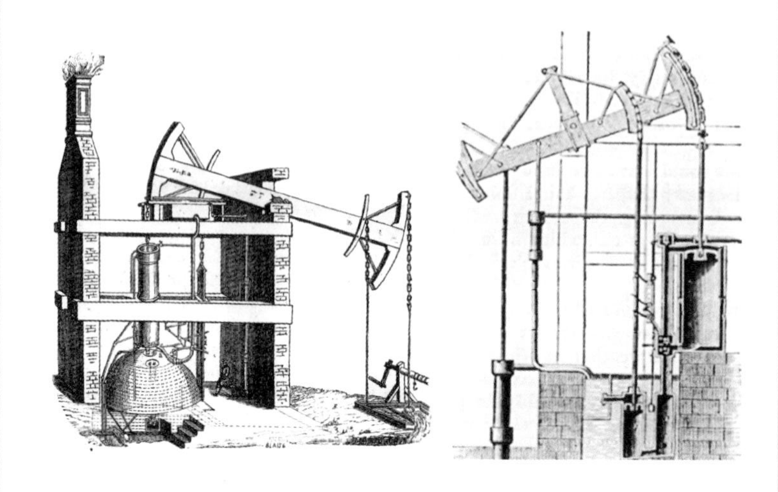

纽科门机（左图）是一种利用水沸腾所产生的水蒸气使汽缸内的空气膨胀，从而推动活塞并加力的装置。当活塞到达最高点处，汽缸内的水便会喷涌而出。而当汽缸内冷却，气压逐渐减小至真空状态，活塞便会被再次吸回原处。纽科门蒸汽机对同一个汽缸持续加热与冷却，造成热能的浪费，而瓦特-博尔顿的蒸汽机（右图）则具有把冷却过程从汽缸中分离出来的分离式冷凝器。他将汽缸拆分至两个，一冷一热分别进行工作，从而极大减少了浪费。它将下部的冷却汽缸放置于冷水中，以便其一直维持冷却状态，又靠水蒸气将右侧的热汽缸一直保持在加热状态。当热汽缸中水蒸气上升，将活塞顶起后，水蒸气便会进入处于真空状态的冷却汽缸，冷却后，活塞又会顺势下降

为能源，一切问题便迎刃而解。

世界上第一台蒸汽机是由英国工程师托马斯·塞维利于 1698 年发明的。这种蒸汽机所产生的动力足以拉动一匹马，具有一定的商用价值。接下来，托马斯·纽科门又于 1712 年发明了新型蒸汽机。此时，这种蒸汽机已经进化为可以拉动五匹马的大型机器。

英国发明家詹姆斯·瓦特与制造商兼工程师马修·博尔顿联手对纽科门蒸汽机进行了改良。两人于 1778 年发明了新式蒸汽机，通过使蒸汽机自带冷却系统的改良，使其发挥了比纽科门蒸汽机更高的热效率。

进入 19 世纪后，靠增加蒸汽压力来产生高强动力的蒸汽机相继问世。在其发展进程中，乔治·斯蒂芬森起到了重要作用。他综合分析了此前的各类蒸汽机，对其进行改良，并发明了极具实用价值的机车发动机。他将锅炉设计成了即使处于高气压下也不会轻易发生爆炸的圆柱形状，锅炉内可同时加入炭火和水。在保证安全的同时，蒸汽压力和热能利用率也得到了较大提升。由此，利用高压蒸汽机驱动的火车开始承载煤炭、商品及信息穿梭于英美等地，

圆柱

空气发生膨胀时是呈圆球状的。带有棱角的锅炉或汽缸无法承受高压，容易发生爆裂，但圆柱形能较好地克服这一局限。

不仅促进了当地工业的发展，而且促进了各地间更为活跃的沟通与交流。

蒸汽机的发明引起了科学家对热与动力的极大关注。在19世纪的欧洲，法国物理学家卡诺等人开始将热力学研究看作科学的主要研究领域。工程师最初因蒸汽机而燃起了对能源、引擎和自动化机械装置的兴趣，后来也借此发明了内燃机和涡轮喷气发动机。这场变革的产物是极其丰富而伟大的。汽车、飞机、宇宙飞船、大规模自动化工厂等对人类生活做出了巨大的贡献。

探索能量和熵的原理

蒸汽机的出现为19世纪的科学天才提供了值得他们奉献一生的研究课题。热是可以用来做功的一种动力。那么，在热、力、功三者之间，又存在着怎样的规律呢?

许多致力于这个课题的科学家已经给了我们一个叫作热力学基本定律的模因。热力学定律中最核心的有两点。一是“能量守恒定律”。就像蒸汽机中的蒸汽推动活塞上升一样，向物体施力使其发生一定位移就叫作对其“做了功”。所谓能量，其实就是一种做功的能力。它不仅能呈现出与马拉力类似的传统意义上的力的形式，

人类可以间接地从植物中获得太阳能，不管最后会转化为动能还是势能，发生变化的始终只有形态，总能量没有任何变化

而且能通过热、电、磁等多种多样的形态与领域得到展现。总的来说，能量是一个非常具有概括性与广泛性的概念。也就是说，蒸汽机是通过热来做功的，而电动机则是通过电磁来做功的。此外，顾名思义，能量守恒定律的内涵就在于，无论能量的形态发生怎样的变化，其总量是固定不变的。

热力学第二定律是关于热平衡的定律，即我们所说的“熵增原理”。世界上所有的能量都保持平衡状态，从高能量源转移到低能量源，热量亦是如此，从高温热源传向低温热源，因此如果在室温为 20 摄氏度的房间里的餐桌上放些冰块，室温就会使冰块融化，最终包括由冰块融化而来的水在内的整个房间都会达到同样的温度。而与此相反的情况，即冰块的热量传到房间，使房间的温度上升、冰块的温度下降的现象在自然界中不存在。

像这样的热量转移现象在整个宇宙中广泛存在，因此整个宇宙中蕴含的一定能量都是从拥有巨大能量的恒星（如太阳）向能量较少的行星（如地球）和宇宙空间转移，由此形成宇宙整体的能量守恒，并且恒星散发出的光能和热能会在行星和宇宙空间中分散成许多微小的能量。简言之，最初的大爆炸在无数的恒星中释放出巨大的高热能量，这些能量逐渐分散到整个宇宙，并转换成多种形态，而我们就生活在这种分散变化的过程中。我们把高温热源向低温热源传导的热的度量称为“熵”，如果未来的某一天，宇宙的能量变化终止，所有恒星都冷却，整个宇宙的温度趋于均衡，也就是宇宙的能量全部转换为熵，随之将形成一种难以想象的状态——宇宙中的任何地方都不存在可运作的能量。

19 世纪的许多科学家为了将这两个原理确立为定律，花费了大量时间和心血。迈出第一步的是法国科学家萨迪·卡诺。对蒸汽机的原理很感兴趣的卡诺在 1824 年发表的论文《谈谈火的动力和能发动这种动力的机器》中指出，“世界上的所有事情都发生在高温热源向低温热源转变之际”，这也成为热力学的基本原理，被誉为真理。相反，如果做功减少，就会产生多余热量（蒸汽机处于工作状态带动活塞做功，一旦停止工作，汽缸内的空气就会收缩升温）。最后，卡诺确认热和功可相互转换，并推断出一个结论，即热转换为功的时候会损失一定量的热，而功转换为热的时候会减少相应的功。

卡诺的理论因为没有实验和数学做支撑，在当时并没有引起重视，但是后世的科学家非常推崇他所提出的想法和理论。首先，英国物理学家詹姆斯·焦耳在实施多种创意实验，特别是功转换为热的实验过程中，证明了热和功可以相互转换，并且发现在转换的过程中维持着一定的关

生理学

亥姆霍兹是试图运用物理学和化学定律来解释说明生命体功能的科学家之一。这些被称为“1874团体”的生理学家把原本与其他学科领域无关的生理学和物理学、化学联系起来，实现了该领域的发展。

系。在实验过程中，焦耳得出了热产生的力学范畴的功的物理量。后人为了纪念焦耳，用焦耳姓氏的第一个字母“J”来标记热量单位以及功的物理量。

此后，在德国进行研究活动的亥姆霍兹和在英国进行研究活动的威廉·汤姆森都为能量守恒定律做出了贡献。作为奠定生理学发展基础的科学家，亥姆霍兹提出，生命体通过摄取食物获取“力量”，这种“力量”又通过生命体的活动转化为力学范畴的力。他认为，在这个转换过程中，生命活动和力学之间也必定有些东西被保存了下来。此后，汤姆森将这个变换成多样形态被保存下来的东西命名为“能量”。

德国科学家鲁道夫·克劳修斯和美国科学家威拉德·吉布斯经过长期探索发展，整理出能量守恒定律，而他们在这个过程中也整理出了熵的定律。克劳修斯综合多位学者对能量守恒定律所做的研究，并将能量守恒定律应用到微分方程中。另外，他还首次使用熵这一术语计算出了熵的微分方程。威拉德·吉布斯在被称作“化学热力学基础的经典之作”的《论非均相物体的平衡》一文中建立了一套关于“熵”的基本数学体系，适用于气体、固体、化学反应、混合物、渗透压等所有物理和化学现象。

正如前面所述，19世纪的天才物理学家把热和功联系起来，提出了“能量”这一概念，更提出了适用于所有生命、化学、物理现象的能量守恒定律和熵增原理。如此一来，随着蒸汽机技术的发展，热力学与工程学、生理学、物理学等领域的天才科学家的模因融合，实现了进一步发展，在这个过程中产生的关于热和能量的知识又反过来刺激工程师，从而推动了新技术的开发。特别是以石油为原料的内燃机的问世，堪称热力学的数学分支所创造的最直接的科学技术。

在19世纪下半叶的德国，克劳修斯等物理学家一直活跃于实验研究，热力学不断发展。随着对内燃机进行的持续研发，最终戈特利布·戴姆勒和卡尔·本茨研发出了优质的内燃机。蒸汽机需要让锅炉里的水沸腾，产生高压，使汽缸里的蒸汽膨胀，从而推动活塞做功，但内燃机和蒸汽机不同，因为其工作是在汽缸等结构内依靠燃料的燃烧来实现的，所以大大减少了熵，也能获得更多的能量。

内燃机的热效率非常突出，它使人类的机械文明发展到一个新阶段。20世纪，人们研发出了具备体积小、动

内燃机

德国的奔驰汽车和"二战"时期配置了最好性能的涡轮喷气式发动机的战斗机梅塞施米特 Me262。德国在热力学的发展和热力发动机的研发方面进行了很多投资，研发出汽车引擎和飞机发动机，占据了主导未来汽车产业和航空、火箭工程等领域的人类技术发展的重要位置

力强的小型发动机的汽车和利用涡轮机压缩空气与燃料的燃烧一起做动力的涡轮喷气飞机，改善了交通运输方式，实现了武器的优化。受德国在此领域成功的影响，以劳斯莱斯为代表的英国汽车产业也得到长足发展，并且研发出了搭载劳斯莱斯发动机的战斗机，促进了该领域的进一步发展。美国、法国、意大利、日本亦如此。

热力学还激发了科学界对物理能源、化学能源和生物能源的兴趣，促进了物理学、化学和生物学领域的发展。接下来，我们要看到的正是与电磁能相关联的电磁学历史。

探索电磁场的原理

在工业革命时期，科学家非常关注各种各样的自然现象。通过热力学的事例不难看出，他们想把特定的某物或某种现象作为研究对象。他们除了将注意力集中在有关牛顿万有引力和使蒸汽机运作的热力的研究上，还十分关注磁力和电力，特别是在18世纪前期，对电的关注可以说达到了空前高涨的程度。

美国科学家本杰明·富兰克林率先发布了“闪电是电”这一事实，并且证明可以把电传入电容器。后来，意大利科学家路易吉·伽伐尼观察到，如果在死去的青蛙腿上绑上带有静电的金属片，青蛙的腿会有轻微的颤动。他主张说，驱动我们身体的力量和电之间有着密切的关联。伽伐尼的研究提出了生命现象实际上就是电力现象的说法，从而引发了当时欧洲人对电力的极大关注（玛丽·雪莱的小说《弗兰肯斯坦》很好地表现出了这种时代性关注）。

科学家们在19世纪集中探索研究了各种物理化学现象间的相互关联和各种能量之间的关联性（与热转化为力学范畴的功类似的关联性），此时电力和磁力间的能量转换也囊括在这一广泛的联系中。

被誉为该领域中开创性发明的是1800年由意大利帕

伏特电池

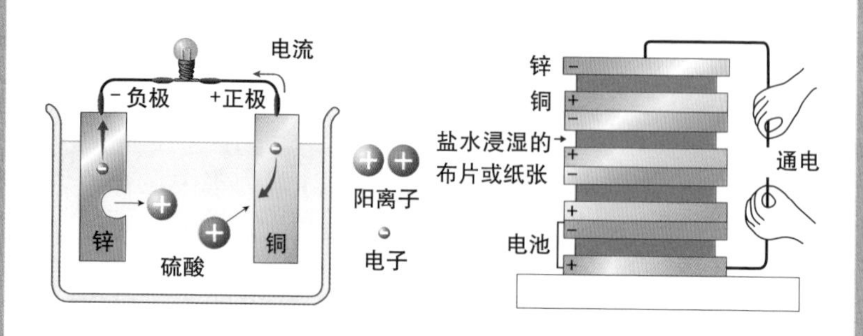

铜和锌通过催化剂硫酸溶液相接触时，铜处正极，锌处负极，两者实现电流流通（左侧），伏特将在硫酸溶液中浸湿的铜和锌交叉放置，研发出了化学电池（右侧）

多瓦大学的亚历山德罗·伏特研发的化学电池——伏打堆。伏特集中研究了化学性质不同的物质接触时产生电的现象，提出了金属的“接触电位差”概念。利用电位差，伏特开发出了能持续产生电流的化学电池。因此，人们普遍认为化学作用能转换为电力。

到了 1820 年，丹麦科学家汉斯·奥斯特发现了电与磁之间的关系。奥斯特在指南针上缠绕通电的导线，进行了简单的实验。虽然实验结果并不像他期待的那样显著，但足以体现出效果。由于电的缘故，指南针的指针稍微移动了一下。此时，电与磁之间有着某种联系、电

法拉第

迈克尔·法拉第（1791—1867）对电磁学的发展起到决定性作用

力和磁力能相互转换都成为不争的事实。并且，当时人们认识到通过磁铁提起物体时，磁力在做功，也知道如果用布反复摩擦金属棒（做功），就会产生静电。如此一来，自然界各种现象产生的作用和能量之间所具有的联系逐渐显现。

迈克尔·法拉第指明，在构成自然的各种成分中，电力和磁力分别是电磁力的一种存在方式，而指引其走向电磁学之路的正是前面所提及的奥斯特的实验。法拉第也做过奥斯特的这个实验，发现了磁极，并于1821年发布实验结果，称电流使磁铁发生旋转，磁铁也能使导线发生旋转。这种旋转现象引起了许多科学家的关注。此后，该领域内展开了许多实验和研究。至 19 世纪中期，科学家还研发出了电动机。

此后，法拉第对电和磁的相互感应现象进行了探索。奥斯特已经观察到了电流能产生磁效应，法拉第则转向研究磁性感应电流。法拉第的实验结果显示，电磁铁在发生磁性变化时能感应到电流。这个发现使得人们学会通过灵活运用各种能量使磁铁高速运转，从而产生电力，而其中的原理也成为现代所有发电设备的基本工作原理。

后来，法拉第通过毕生研究整理出了在科学史上占据非常重要位置的两个命题。第一个是所有能量都是相互联系的，可以相互转化。他发现了磁铁的磁力能影响光的偏振，而光也表现出了与电磁铁之间的联系。

第二个是“力之线”。牛顿发现的引力不需要任何介质，例如太阳和地球，两个天体间必然会有万有引力的作用力和反作用力。在牛顿看来，光是一种粒子，在没有介质的空间里穿梭，这就是牛顿所说的“远隔作用”的原理。相反，研究光的波动性质的学者则假设存在特定的介质。因为他们认为，正如没有水就没有水波一样，光波不需要介质就能传播的说法是不成立的，他们坚持认为宇宙中充满了一种被称为“以太”的假想介质。但基于电磁

电磁旋转实验

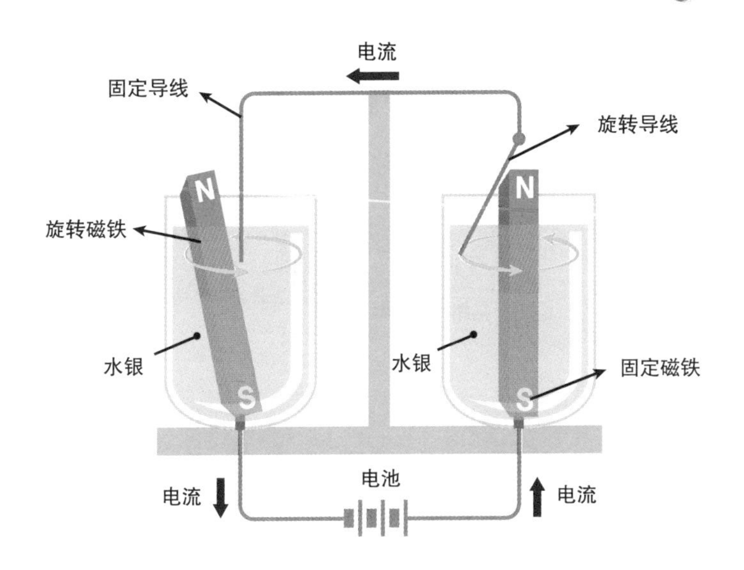

两边的玻璃容器中均为水银，不同的是，左边容器上方的导线被固定住，而用线连接容器底部的磁铁下半部分则可以在水银中移动；右边容器上方的导线可以转动，磁铁的下半部分则被固定在容器底部。如果使用强力磁铁，左边容器中的导线就会使磁铁发生旋转，右边容器中的磁铁则会使导线发生旋转。同时代的威廉·渥拉斯顿和汉弗里·戴维也进行了类似的实验。实验结果显示，如果使用更为强大的电流，就可以使磁铁加速旋转，后人通过这些发现研发出了电动机

的性质，法拉第对这两种观点予以否认，并提出了与之不同的新概念。

在均匀地撒满铁粉的玻璃板上放上磁铁，受磁力影

电磁感应实验

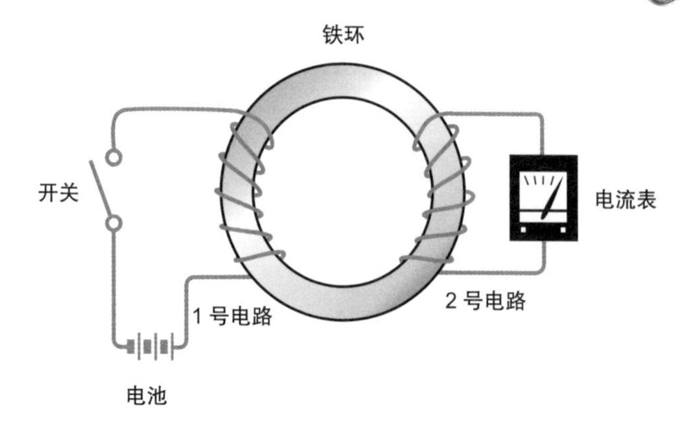

1 号电路和 2 号电路之间没有电线连接，但是如果连接开关，1 号电路就会通电，铁环会变成电磁铁，并且当开关处于连接和断开两种不同状态时，即电磁铁磁性发生变化时，2 号电路会感应到电流。这便是促成发电机诞生的电磁感应原理

响，铁粉会制造出美丽的线条。法拉第认为，世上所有的力都能制造出和磁力所画出的类似的网状线条。1849 年，威廉·汤姆森将这个通过力之线紧密联系的网命名为“场”。电磁力不是依据远隔作用或通过以太发挥作用，而是因为宇宙空间里由力构成的场而产生作用。因此，和电磁力有共同根源属性且可以互相转换的所有力都是通过场来发挥作用的。由于受到光或者电磁力的影响而形成了光和场，因此，即使肉眼不可见，它也无处

不在，并推动着宇宙的运动。

因此，我们可以用一句话来概括法拉第的两个功绩，即所有力的根源为同一个，所有的力构成场，并且力之间可以相互转换。法拉第的这一理论虽然受到后世科学家的极大关注，但是存在一大缺点，那就是法拉第不懂数学，而至今为止，也没有一个方程来对其所提出的理论进行解释说明。

电磁铁

在铁丝上缠绕电线做成线圈，如果通上电，线圈就变成了电磁铁。因为这是利用电力制作的磁铁，所以被称为电磁铁。

科学进化史不是用语言文字，而是用数学来书写的历史。并不擅长数学的法拉第所提出的理论必须由数学形式表现，否则难以留存。如果法拉第的模因没有被广泛传播，而是很快就被湮灭，那么如今的重点就是继承了法拉第思想的后世学者是否能通过数学推导出这些理论。

我们来简单分析一下结论。詹姆斯·麦克斯韦对电磁场的扩散和旋转做了数学分析，他之后的学者整理了这些分析成果，并以四个简单的微分方程做了概括，最终形成的结果是包括光和电磁场在内的“麦克斯韦方程组”。由此，法拉第的思想理论被确立为电磁学科学体系。

电磁学中的模因引发了世人的多种研究。电磁学发展

电磁场（电磁力之线形成的网）

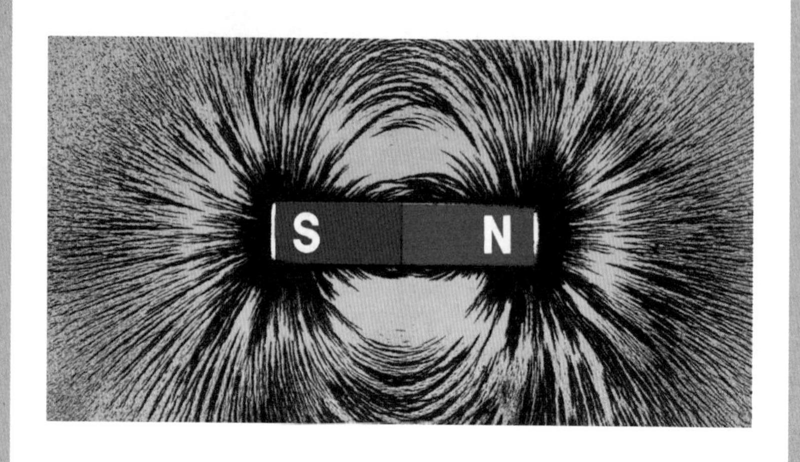

这是通过电磁力制造的力的网状图

成为对光和电磁波的性质更深入的物理学研究，促进了对物质的电解和电气性能的研究，同时也促进了化学的发展。

电磁学不仅教会人们发电的方法，而且教会人们以电力为动力进行各种生产劳动，进而，电磁学受到了电力社会和商业界的广泛关注。尤其是在对电力特别关注的美国，涌现了许多积极进取的企业家。像托马斯·爱迪生这样的电力企业家利用煤炭和石油发电，在美国全境供电，并且建立了利用电力的照明（电灯泡）系统；而像亚历山大·格雷厄姆·贝尔这样的电报、电话企业家则研发出了利用电力进行沟通交流的方法。这些技术至今仍在不断发展，在造成巨大电力消耗的同时，也造就了现代的科技文明。

我们来整理一下目前为止所提到的工业革命时期科学技术的发展给人类社会带来的变化。首先，这个时期发展的热力学定律和麦克斯韦方程组等科学模因被20世纪的许多科学家理解并接受，从而使科学技术取得巨大发展。20世纪的科学家进一步深入研究与光-电磁紧密相关的电子，在此过程中明确了一切原子都由一个带正电

光即电磁波

麦克斯韦在假设法拉第的电磁场也是一种波的情况下，计算出了电磁波的速度，得出的结果令人惊讶。经过计算，电磁波的速度近乎德国科学家威廉·韦伯和鲁道夫·克劳修斯推测的光速（约30万千米/秒）。如果电磁波的速度和光速一样，我们可以同等看待它们，即光就是电磁波。因此，电磁场也是光的场，世界就是由“光——电磁”组成的网。在麦克斯韦之后，德国科学家海因里希·赫兹也假设电磁场是波动的，并进行了计算，得出的结论是电磁波的速度和光速一样。经过许多学者的研究和考证，现在没有任何科学家会质疑光即电磁波。但是，正如麦克斯韦和赫兹所说，光和电磁是波吗？接下来，让我们一起走进量子力学，寻找其他答案。

门捷列夫和元素周期表

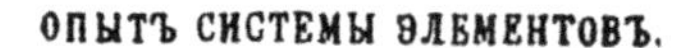

ОПЫТЪ СИСТЕМЫ ЭЛЕМЕНТОВЪ.

ОСНОВАННОЙ НА ИХЪ АТОМНОМЪ ВѢСѢ И ХИМИЧЕСКОМЪ СХОДСТВѢ.

			Ti=50	Zr=90	?=180.
			V=51	Nb=94	Ta=182.
			Cr=52	Mo=96	W=186.
			Mn=55	Rh=104,4	Pt=197,4
			Fe=56	Rn=104,4	Ir=198.
			Ni=Co=59	Pl=106,6	O-=199.
H=1			Cu=63,4	Ag=108	Hg=200.
	Be=9,4	Mg=24	Zn=65,2	Cd=112	
	B=11	Al=27,4	?=68	Ur=116	Au=197?
	C=12	Si=28	?=70	Sn=118	
	N=14	P=31	As=75	Sb=122	Bi=210?
	O=16	S=32	Se=79,4	Te=128?	
	F=19	Cl=35,5	Br=80	I=127	
Li=7	Na=23	K=39	Rb=85,4	Cs=133	Tl=204.
		Ca=40	Sr=87,6	Ba=137	Pb=207.
		?=45	Ce=92		
		?Er=56	La=94		
		?Yt=60	Di=95		
		?In=75,6	Th=118?		

Д. Менделѣевъ

在法拉第时期，化学领域所取得的突破是俄罗斯化学家德米特里·门捷列夫发明的元素周期表。元素周期表综合了化学领域的多种理论发现，是衡量元素间化学作用的便利工具，它最大的特征是元素的性质一目了然

的原子核和围绕它运动的若干电子组成（卢瑟福原子模型）这个事实以及电子的能量和特性。如今，人们发现电子等粒子和能量有着密不可分的关系。因此，人类对构成原子核的粒子及其能量进行深入研究，从而拥有了被称为核能的新能源。以麦克斯韦方程组为基础对光的性质进行的研究将牛顿力学和热力学定律结合，计算出了光速，并提出了时空理论（相对论）。这些科学最终发展成为现代物理学，它将作用于包罗万象的力和以力为

介质的粒子组织起来。

此外，工业化时期的科学和工学提供了强大的科学技术，改变了人类的生活。使用化石燃料为动力的内燃机和各种巨大的工业机器以及发电站，给人类带来了大型工厂、铁路、汽车、飞机、电报、电话和电力等一系列成果。而现在，这些技术和模因又发展成为喷气式飞机、宇宙飞船、计算机、互联网、冰箱、电视机和智能手机等成果。科学技术提高了工农业生产量，扩大了经济发展规模，促进人口增长，提高了人们的生活质量。

与此同时，在这个时期，科学技术的发展也给人类带来了极大的负面影响。而在这些负面影响中，最为严峻的是地球资源枯竭和环境破坏的问题。正如前文所说，通过热力学原理可获得能量，使之作用于利用电磁学原理的发电机，便能获取更多的电力。现代文明以电力为基础，研发出了无数电子产品和照明设备，并发展了相关产业，通过电话和手机等电子产品联结并维系了社会共同体。根据能量守恒定律，为了制造社会运转所需的巨大电能，需要消耗的能量也非常巨大。在这个过程中，地球所拥有的能量会迅速转换为熵。但是，人类无视热力学定律，依旧热衷于电力开发，以惊人的速度消耗地球上的化石燃料和能源。此外，人类因使用内燃机而排放的废气等各种污染物也严重威胁着地球生态系统。

不仅如此，科技还成为严重威胁人类生活和文化的工具。内心充满自豪感（这种自豪感对我们而言是理性主义范畴科学和技术的模因）、自诩为“文明人”的欧洲人以军舰、步枪、引擎、弹道学和航海术作为武装，开始对非洲、亚洲和美洲进行殖民统治，掠夺当地资源和人力，破坏当地文化。到了20世纪，科技的枪口终于指向了欧洲

人自己。历经两次世界大战的欧洲国家通过坦克、机枪和毒气等武器互相破坏对方的文明，杀害对方的民众。这种滥用科技的行为在“二战”末期核武器的开发使用之际达到顶点。如今，人类之间的斗争甚至将地球生态系统也置于严重的危险之中。

因此，可以说在我们生活的这个时代，科技是一把有利有弊的双刃剑，对人类和地球生态产生了巨大的影响。相对论、量子力学、核物理学和生命工程学研究也可以在科学层面助力对科学真理的探索和进一步深入了解宇宙，但是我们也需要明白，科技在产生积极作用，使人类生活变得更加便利的同时，伴随其发展而出现的核武器等大规模杀伤性武器也在危害着人类，产生消极影响。

微观状态数和熵

热力学理论，尤其是熵增原理引入统计学这一新的数学成果，发展成为统计力学新模式，进而具备了更为坚实的理论体系。统计学不是将发生在我们身边的事情及其原因和结果一一对应记录下来，而是对根据某种原因发生某件事情的概率和这个概率产生的统计结果进行整理。传统力学认为，垂直向上抛出的物体必然会垂直下落，但是如果参照统计方法，就可以将其解释为“因为垂直向上抛出的物体垂直下落的概率最大，所以才会垂直下落”。

统计方法具有其独特的优点。例如，牛顿以万有引力定律来解释作用于两个物体之间的力，但是如果需要衡量数十亿个物体之间的作用力，我们该怎么办呢？这种情况类似于热力学范畴中控制气体分子的移动，与其观察每一个气体分子，不如观察几个气体分子以多种方式移动的统计结果，因为统计学不仅对统计力学的发展有帮助，而且在量子力学研究电子、光子等粒子的作用时发挥决定性的作用。

麦克斯韦以统计力学的发展为基础，把热看作分子的运动，把熵视为分子的混合，这一观点被世人认可接受。根据麦克斯韦的理论，一个空间的温度取决于该空间内的分子运动，此外，熵总是增加，热量趋于平衡的原因是活跃分子和不活跃分子相互混合。

活跃分子和不活跃分子相互混合是什么意思呢？下面我们来看一下统计学大师路德维希·玻耳兹曼对此所做的说明。首先想象在密闭的空间内放置活跃分子和不活跃分子各 4 个，并用隔板隔开，左边为活跃分子，右边为不活跃分子。这时，将隔板抽离一瞬间后再次放回原处。在隔板被抽离的瞬间，两种分子在两个虚拟空间的存在方式总共有五种，即：1. 左边 4 个活跃分子，右边 4 个不活跃分子；2. 左边 4 个不活跃分子，右边 4 个活跃分子；3. 左边 3 个活跃分子和 1 个不活跃分子，右边 1 个活跃分子和 3 个不活跃分

气体分子混合的概率

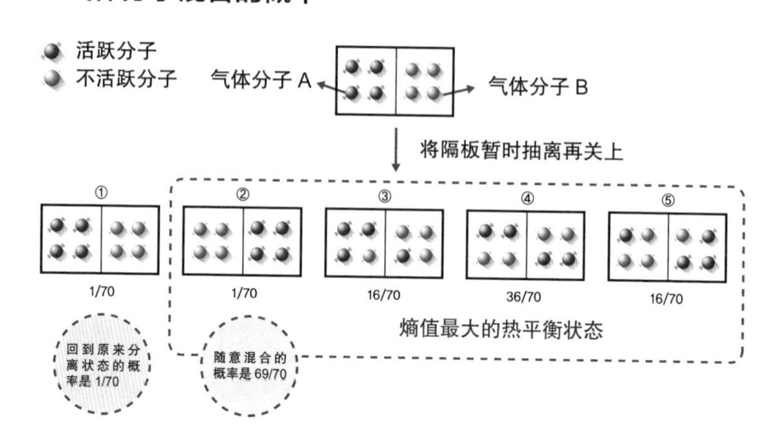

两种分子随意混合的概率最大，回到原来分离状态的概率最小

子；4. 左边和右边各 2 个活跃分子和不活跃分子；5. 左边 1 个活跃分子和 3 个不活跃分子，右边 3 个活跃分子和 1 个不活跃分子。

经计算，两种分子回到原来分离状态的概率是 1/70，随意混合的概率是 69/70。其中，以两种分子的熵值最大，达到第四种，即热平衡状态时概率最大，为 36/70。利用统计学中的组合计算法、对数函数和指数函数等，会发现分子的数量越多，两种分子混合的情况种类也会越多。但即使在这种情况下，两种分子完全分离、继续保持原有位置的概率也是1。因此，从统计上看，两种气体必然会混合，如果两种气体在一定时间内进行混合运动，最终概率最大的状态必然是熵值最大的热平衡状态。

玻耳兹曼将这种分子混合的情况种类表示为微观状态数W。例如，发热的棍棒周围全是活跃分子，W值较低，能量高，熵值较低。假设将这根棍棒浸入水中，活跃分子遇到水中的不活跃分子，就会转换成W值较高的状态，棍棒和水的能量都减少，而熵值增大。热水再次接触到空气,W值变大，能量变少，熵值也再次增大。最终，包含着无数个分子、被称为宇宙的巨大空间，其W值趋于无限大。因此，宇宙中的分子越是运动，宇宙的熵值越是会上升至最大，就越趋近于能量守恒状态。在遥远的未来，宇宙中任何地方都有能量聚集的可能性无限趋近于0，熵值达到最大的情况的概率无穷大。

迈克尔·法拉第

伟大的天才和创造者一般都出身于社会经济的中间阶层，因为要想成为富有创造力的天才，必须拥有学习各种知识体系、培养杰出才能的时间和资源，所以在经济困难的环境中很难出现天才。而出生于富有或位高权重家庭的孩子在学业和创造力方面遇到困难时容易选择借助父母的财富和权力进行逃避，也很难具备一定要取得成绩的目标意识。因此，在过于安逸和富裕的环境中也很难诞生天才。

但是，即使处境艰难，也依然有人为成为伟大的科学家、艺术家和思想家竭尽全力，挤出时间学习知识并提高自己的才能；即使出身富有，也依然有人价值观和目标明确，为成为一名富有创造力的天才、扬名后世而不断磨炼自我。迈克尔·法拉第出身于一个并不富有的英国平民家庭，最终以英国皇家学会会员的身份结束了光荣的一生。法拉第不仅对知识充满渴望，绝不放过一切学习的机会，而且在艰辛的科学研究过程中永远相信自己和知识的崇高价值。

法拉第曾经说过，因为父亲重病无法养家糊口，所以他儿时一周只能吃一块面包，而且整个成长阶段一直生活在伦敦的贫民窟，没有接受过正规的学校教育。但他遇到了像其他天才一样的转折点，那就是接触到了能够激发对知识渴望的模型。法拉第曾经在制作和售卖书籍的乔治·里鲍手下做过学徒，所以有机会阅读科学书籍和百科全书，从而开始接触科学。

后来，当时的明星讲师、伟大的科学家——汉弗莱·戴维的一次演讲成为法拉第人生的一个转折点。演讲结束后，法拉第立即给戴维写了一封信，表明了自己想去他手下工作的心意，而戴维也爽快地答应了。之后，法拉第又被戴维提拔为实验室助手，并跟随戴维在欧洲游历两年，见到了很多伟大的科学家，丰富了自己的见闻。

在具备研究所热爱的科学的条件后，对知识充满渴望的法拉第最终在物理学上做出了不可磨灭的贡献。虽然在这一过程中，他因没有学过数学而遗留了许多问题，但麦克斯韦等后世研究者对这些问题做出了解答。

西格蒙德·弗洛伊德与能量

热力学和电磁学的科学体系不仅得到了其他科学领域的借鉴和应用，而且对于心理学这种全新学科的诞生也功不可没。现代心理学是在生物学、进化论、医学、哲学以及教育学等各种学科的影响下诞生的，并且与这些学科相互交织、相互促进，其中西格蒙德·弗洛伊德作为奠定心理学发展基石的人物之一，提出了精神分析理论，对当代科学理论的发展产生了巨大影响。

弗洛伊德运用的模因可以被概括为能量概念。也就是说，即使物质形态发生变化，总能量也不变，并且一切物质的产生都离不开能量。弗洛伊德被这一能量概念深深吸引，并尝试将这种能量概念应用到人类心理现象分析这一全新领域中。他认为，每个人都具

西格蒙德·弗洛伊德

弗洛伊德在解释人类心理现象时引入了“能量”这一概念，为现代心理学的发展做出了巨大贡献

备自己独特的心理能量，这种能量在不同时期和不同情况下会以不同的形态呈现出来，从而产生各种各样的人类行为。而弗洛伊德认为，人类心理的基本能量是性欲，它可以呈现出各种形态，并且可以主导人类的各种行为。而满足性欲的器官不同，所主导的事情也不同，所以性欲决定着人类的心理特征和行为方

式。另外，当时取得很大发展的地质学对弗洛伊德的心理学研究也产生了影响。他将人类心理比作地层结构，并主张人类的能量大部分都来自最深的地层——人类心理的潜意识层次。

综上所述，弗洛伊德的精神分析理论是在这种“能量模型”和“地质学模型”的基础上建立起来的心理学理论，对其他学科领域产生了很大影响。精神分析理论提出的“心理能量”这一概念使后世开始对人类注意力和记忆等认知能力、不同心理能量决定的人类性格以及人类的冲动、欲望和动机等展开研究，从而为现代心理学的诞生做出了重大贡献。

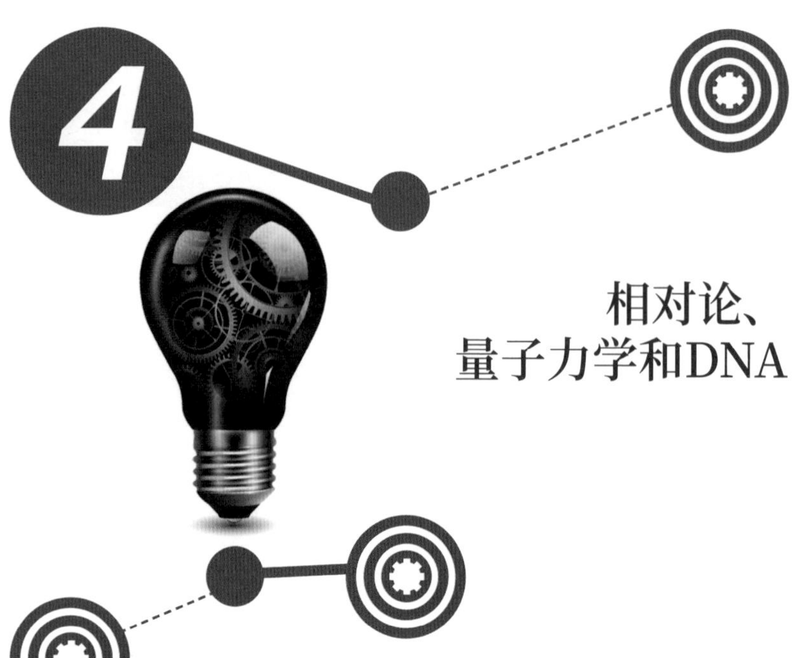

4 相对论、量子力学和DNA

伽利略和牛顿的科学模型是在时间流逝速度和空间结构恒久不变的特性基础上构建起来的。但热力学和电磁学的诞生则是为了研究能量的多种形态和变化，这两个学科领域的科学家关注的也是变化和能动性。这种趋势延续到20世纪上半叶，爱因斯坦提出了相对论，并明确指出时间和空间都是变化的。与此同时，指出所有微观粒子都具有波动和粒子性质且变化无常的量子力学也登上了历史舞台。另外，在生物学领域中，研究生命的变化和分化的进化论也得以确立，明确遗传定律和DNA结构的进化原理也得到了科学上的解释。从此，曾经在恒久不变的特性基础上构建的牛顿时代的顶尖科学，逐渐向概括宇宙万物的能动性和变化的现代科学转变。本章将通过介绍进化论、量子力学以及生命工程的进化过程，进一步探讨人类科学是如何进化的。

相对性的世界与相对论

最早开始研究“相对性”这一概念的人是伽利略和牛顿。牛顿以伽利略提出的惯性理论为基础，认为“空间是静止的或者以匀速移动，所以物质在这一空间内运动的速度也是保持一致的”。例如，假如像坐在咖啡厅里一样保持静止的状态下和在以时速 100 千米行驶着的露营车中以同样的力扔一个球的话，两个球的速度是相同的。因为露营车里的所有物体与这辆车处于同一空间，都是以 100 千米的时速移动着，所以这一空间被称为“匀速直线运动坐标系”。

在没有窗户的情况下，露营车里的人只根据车里摆放的物体所做的运动，无法知道露营车的行驶速度。因为不管是露营车里的物体还是静止状态下的物体，都遵循牛顿的运动定律，运动速度保持一致。所以我们要想知道露营车的速度有多快，只能打开窗户找一个静止的参照物，然后看以多快的速度远离或靠近这个参照物。

但麦克斯韦发现了一个神奇的现象。他将光看作电磁场，尝试用电磁场方程对光的运动速度进行说明，但他发现，如果将这一方程应用到匀速直线运动惯性体系中的话，光的速度与整体空间的移动速度是不一致的（也就是说，光的运动速度不受惯性影响），而是始终以每秒30 万千米的速度运动。所以，如果要是在以每秒 29.999 9 万千米的速度做匀速直线运动的宇宙飞船中开灯的话，以飞船内部空间为参照物，灯光每秒运动的速度最多只有 1 千米左右。

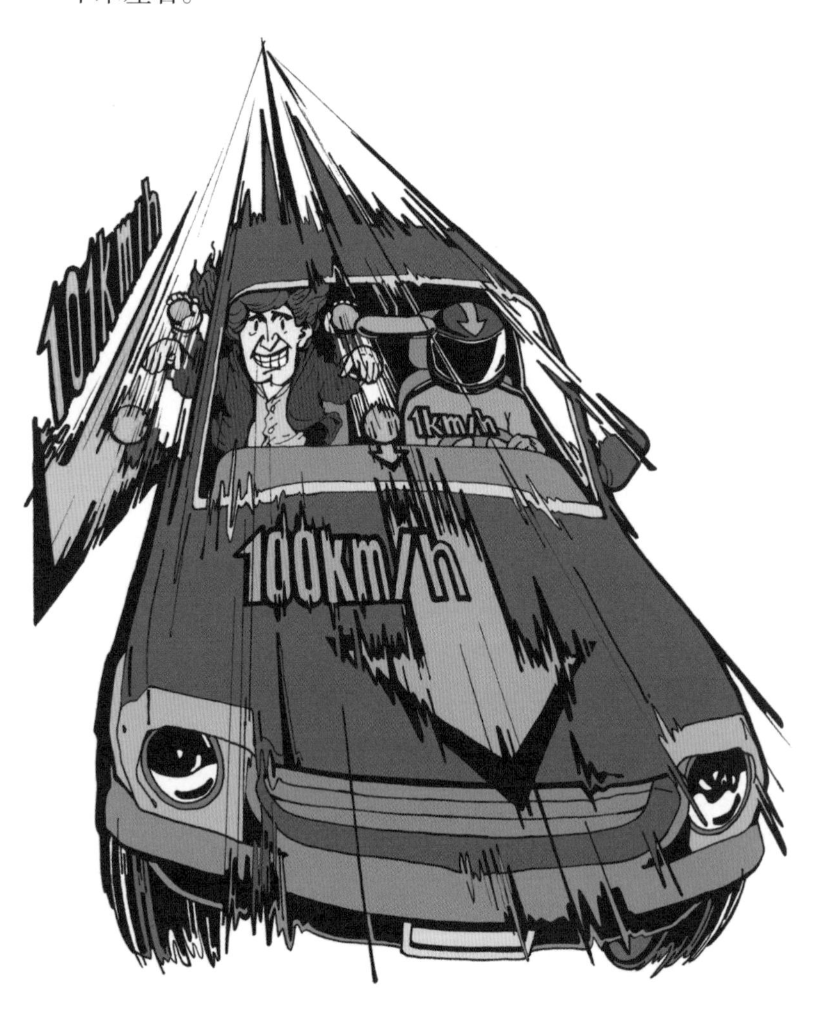

由此，即使做匀速直线运动的露营车或宇宙飞船上不安窗户，里面的人也有办法知道自己的“绝对速度”。通过向各个方向发射光线，自我感觉光速最慢的方向便是自己移动的方向，相比正常光速减慢的光速便是自己的绝对速度。科学家尝试运用这种方式来计算地球的公转速度，但都以失败告终。因为在地球上射出的光线不管是哪个方向都不会变慢。根据这一研究结果，我们可以发现麦克斯韦的理论是错误的，光速会受到地球公转速度的影响（即光速会受到惯性的影响）。

许多科学家试图从多个角度来解决麦克斯韦方程所做的预测与实际观测结果之间的不一致。其中，荷兰物理学家洛伦兹推翻了绝对时间和绝对空间的概念，提出了新的科学模因——“洛伦兹变换”来解决这一难题。他假定匀速直线运动空间（坐标系）的长度与运动速度成正比；空间内部的时间与运动速度成正比，时间流动会变慢。在这种假设下解麦克斯韦方程组的话，会发现在静止状态的坐标系中计算出来的光速和做匀速直线运动的坐标系中计算出来的光速是一致的，都是以每秒约 30 万千米的速度进行运动。

当时的科学家并没有赋予洛伦兹变换很大的意义，认为他的这一研究不过是由果导因。但是，包括阿尔伯特·爱因斯坦在内的一些学者认为洛伦兹变换证明，宇宙的时间与空间是紧密联系在一起的（一方发生变化，另一方也会随之发生变化）。正是因为这一原理，才会出现匀速直线运动的相对性现象。

爱因斯坦认为，麦克斯韦的主张“光不受惯性影响”是正确的，不论所处坐标系是否做匀速直线运动，光速永远与静止状态下的光速保持一致，始终是每秒约 30 万千米。所以，在接近光速飞行的宇宙飞船中开灯进行测定的话，宇宙飞船内外的光速都是每秒约 30 万千米。但是，

在如此接近光速飞行的宇宙飞船内的人，所能移动的坐标距离会非常细密，时间也会变得非常慢。所以，在这一空间内测定光速的话，也会发现光在非常短的时间内跨越了很长距离。爱因斯坦提出，要在所有坐标系中计算出光速的话，需要与宇宙的时间和空间保持一致，并运用洛伦兹变换对此进行了系统的数学证明。这便是广为人知的狭义相对论。

通过狭义相对论，爱因斯坦改变了时间和空间不论何时何地都是固定不变的这种传统思维方式，主张所有无法解释的新现象都是可以预测的。他首先运用狭义相对论说明了速度与质量相关这一现象。在牛顿力学的基本假设中，物质的质量是绝对不变的。也就是说，1 千克的物质每秒能对光速施加“1 千克 × 初速度 ×30 万千米”的力，该物质每秒也会以光速进行运动（如果施加两倍的力，物质移动的速度会变成光速的两倍）。

但根据爱因斯坦从狭义相对论推导出的质量定律，任何物体的运动速度都不可能超过光速。相反，物体的质量会随着速度的变化而发生改变，如果物体的速度无限接近光速，其质量也会无限增大。而具有无限质量的物质要想加速，就需要无限大的力，所以任何物体要想以光速进行加速，都是几乎不可能的。爱因斯坦预测，未来如果要想使超高速运动的电子加速的话，需要比牛顿力学计算出的

力更大的力，即根据爱因斯坦公式计算得出的力才能实现，而这一预测也在后世得到了证明。

另外，爱因斯坦所提出的能量守恒定律相比上文中提到的速度和质量的关系理论更有名，可以说家喻户晓。这一理论又被称作质量-能量的等价原理（质

能等价原理），可用 $E=mc^2$ 这一公式表示。$E=mc^2$ 的原理是一个粒子爆炸时释放的能量是该粒子静止状态下质量的 c^2（光速的平方）倍，这一原理也通过各种实验得到了证明。而且，爱因斯坦也通过这一公式准确计算出了原子弹释放的能量。第二次世界大战末期，美国向广岛和长崎投放的两枚原子弹各自具有 2 万吨 TNT（三硝基甲苯，一种烈性炸药）当量，爆炸前后反应物质的质量相差 1 克左右。也就是说，1 克铀–235 或钚就能释放出

高达 2 万吨的能量。而能够出现这种令人难以置信的结果的原因在于不管发生爆炸的物质质量有多小，由此释放的能量都会达到其质量的 c^2 倍。

但这种狭义相对论只能用来解释匀速直线运动或电磁场现象，无法解释牛顿力学的核心——重力的概念。所以，爱因斯坦尝试在狭义相对论的基础上确立一个将加速运动和重力都包含在内的普遍性理论，广义相对论便由此诞生。

那么，与加速运动相关的相对性原理有哪些呢？爱因斯坦考虑到，如果不能从我们所处的空间中跳脱出来，就无法分辨出到底是重力还是加速度在发生作用。在无重力空间中飞行的宇宙飞船如果以地球的重力加速度（1G）做加速运动的话，飞船上的人会向一侧倾斜。如果飞船没有窗户，飞船里的人绝对无法知道自己会和飞船一样以1G的速度做加速运动，还是会着陆在像地球一样具有相同重力的行星上。这便是构成广义相对论知识结构的重力和加速度的“等价原理”。

为了满足这一等价原理，爱因斯坦还尝试在综合牛顿的万有引力等前期理论的基础上构建重力理论。为此，他经历了一段异常艰难的研究历程。首先，他努力改变之前单纯地运用力学方程去解决时空问题的方式，与其他学者的几何学研究视角相结合。在这一过程中，他还努力学习了曲

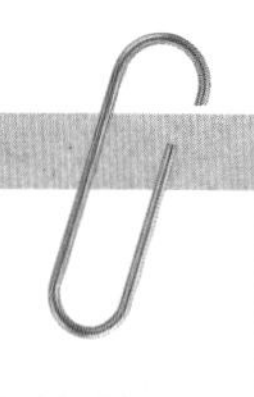

时空弯曲

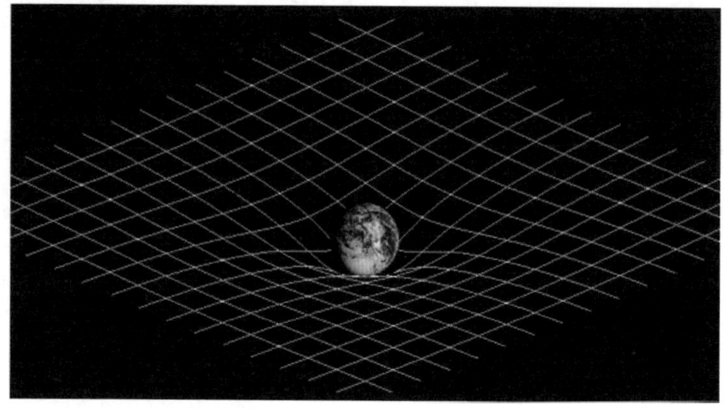

如果将四维空间压缩到三维空间，并用图像来表示的话，会发现像地球这样具有很大重量的物体会使时空出现凹陷。因此，整个时空内的所有物体都会被拉向地球一侧，而这种牵引力便是我们所说的重力和加速度。实际上，如果把这一空间用光滑的铁面呈现出来，并掷入光滑的珠子的话，珠子会旋转着滑到下面某一特定位置做圆周运动。如果是在没有任何摩擦力的宇宙空间中，这种圆周运动永远不会停止，这便是我们所说的地球以太阳为中心进行公转的原因

面数学这一新的学科方法。

为此，他与数学家马塞尔·格罗斯曼进行了十余年努力，终于在 1913 年发表了物体的质量会使时空凹陷，时空又会使物体发生运动的理论。而这种使时空发生凹陷变

重力助推

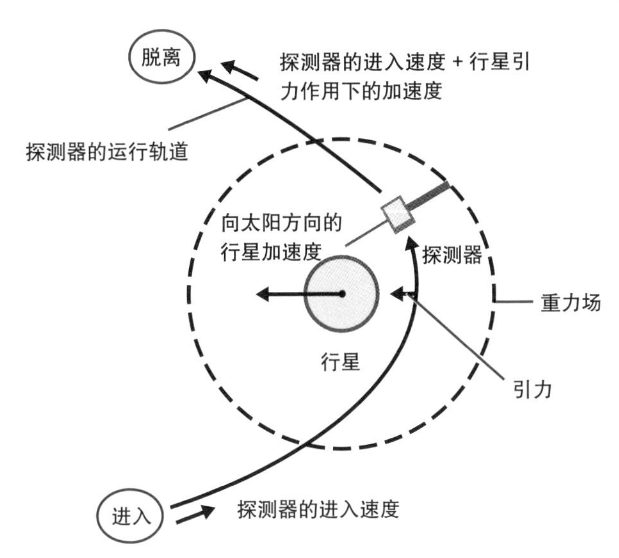

重力助推指的是在行星的引力，也就是太阳方向的加速度作用下，探测器速度变快或者变换轨道的太空探索技术。重力助推作为灵活运用广义相对论的等价原理和数学体系的技术，使用较少的燃料便能获得较大的速度，是进行太空探索的核心技术之一

形的力便是重力和加速度。

在此后的四年间，爱因斯坦和格罗斯曼重新梳理了广义相对论的数学体系，于 1916 年正式发表了《广义相对论的基础》，使广义相对论作为一个相对完整的理论模型

问世。当然，它和本章中所涉及的很多理论一样，我们对它的变化和发展无从知晓，后续需要完善和发展的内容也远远超过现有的知识体系。但迄今为止，广义相对论毋庸置疑是阐释重力最出色的理论体系。特别是作为一个将行星、恒星、黑洞、星云、银河系、星系团等各种宇宙事物囊括在内的理论，它对帮助我们理解宇宙的结构、诞生和消亡，以及宇宙的探索都做出了巨大的贡献。而且正如前文所说，狭义相对论能够帮助我们理解和预测粒子的能量世界和光速，从而对量子力学和核物理学的发展做出了很大贡献。

量子的世界与量子力学

量子力学是解释说明具有能量的微小粒子进行量子运动的理论，同时也是预测量子世界中的粒子所发生的一切物理现象的 20 世纪科学的尖端学科。量子力学从 19 世纪末开始萌芽，到 20 世纪实现了全面振兴。而热力学和电磁学等各个学科领域的科学家——马克斯·普朗克、阿尔伯特·爱因斯坦、欧内斯特·卢瑟福、沃尔夫冈·泡利、维尔纳·海森堡以及埃尔温·薛定谔等人也为量子力学理论的发展做出了很大贡献。接下来，让我们以其中做出杰出贡献的科学家为中心，对量子力学理论的发展史进行简单回顾。

量子力学的鼻祖可以说是德国的马克斯·普朗克。当时，普朗克专攻的是德国最受重视的热力学，特别是对熵这一概念颇为关注。他的研究重心主要在热力学的黑体辐

热传递的三种方式

热传递的方式有三种：热传导、热对流和热辐射。热传导指的是把铁棒的一端进行加热，热量会传递到整个铁棒的现象。热对流指的是加热水壶底端，位于底部的热水会向上沸腾，而顶部的凉水则会向下沉积的现象，发生这种现象的原因在于分子遇热时运动会更加剧烈，流体的比重也会随之发生变化。热辐射指的是当我们把手靠近很热的物体时，会自然而然感受到热的现象，此时既不是热的热传导，也不是空气的热对流，而是从热源直接释放热量的传递方式。

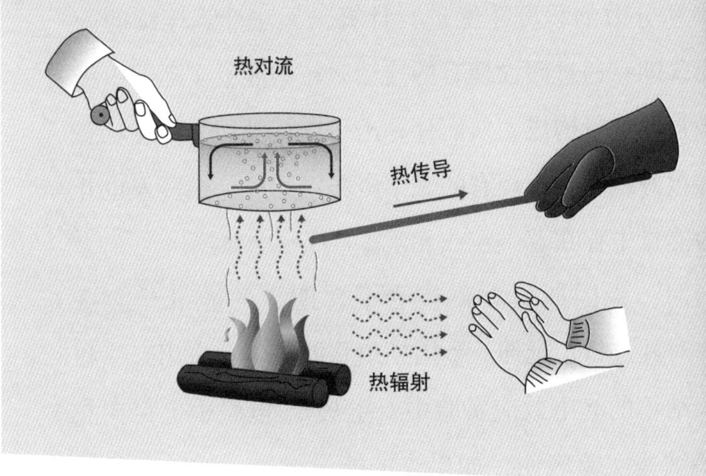

射方面。黑体是一种被加热时只会释放自身的辐射，吸收所有外界辐射，而且不会反射的假想物质，它不会受到外部热量的影响，只会内部作用产生热量，是一种作为研究非常纯粹的理想物质（在实际研究过程中，会通过在炉壁很厚的炼炉上穿孔来获取与黑体相似的物质）。

当时，黑体辐射得到科学家广泛关注的原因是它能够在排除其他一切变量的状态下准确解释热能和熵之间的关系。另外，普朗克还将波兹曼的统计力学，也就是认为熵可以用微观状态数进行说明的科学设想引入了对黑体辐射的研究中，促进了黑体辐射研究的发展，同时也为量子力学的诞生打下了基础。普朗克运用黑体能量的微观状态数对黑体辐射的熵进行计算，很好地说明了实验结果。但是，微观状态数只有知道气体分子这种粒粒分明的微粒出现集中和分散的程度才能进行计算，无法计算连续的微粒。而普朗克通过假设现有的连续微粒的能量实际上由每一颗微粒的能量构成，从而计算出了能量微粒的微观状态数，并很好地解释了现有的观察资料。因此，很多人也开始认为能量中存在着微粒或元素。

当时，爱因斯坦立刻接受了普朗克的能量元素概念，并对其进行了延伸。爱因斯坦将能量概念应用于菲利普·莱纳德的光电效应实验中，主张光–电磁中也存在能量。莱纳德实验表明，如果光的能量增加，物质中释放

光电效应实验

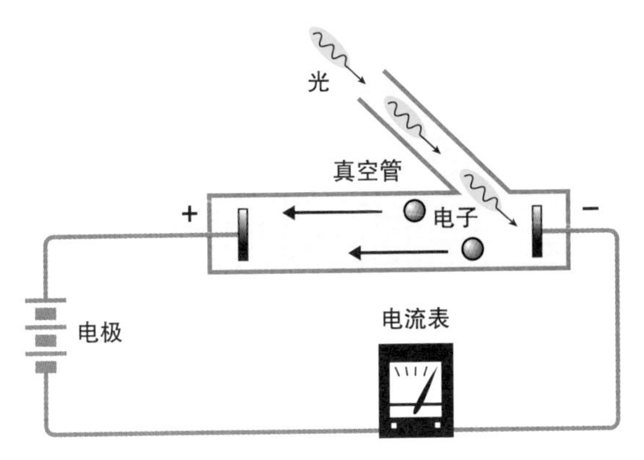

光电效应指的是在光的照射下，电路中产生电流或电流变化的现象。莱纳德通过光电效应实验发现，当在金属中发射强光时，金属中电子的数量会增加，但每一个电子所具有的能量不会增加

出的电子数量也会随之增加，但每个电子的能量保持不变。爱因斯坦称这是因为光的能量颗粒与物质的电子一一对应来传递能量。爱因斯坦主张被认为是连续体和波动的电磁也具有基本的粒子。1926 年，美国化学家吉尔伯特·牛顿·路易斯将爱因斯坦主张的电磁能量要素命名为“光子”。

如果说普朗克和爱因斯坦引入了能量要素，也就是量子概念，奠定了量子力学基础的话，那么接下来就是对量子特征及运动相关理论进行探究了。在这个领域，丹麦物理学家尼尔斯·玻尔打响了第一枪。他探究出了构成原子的电子的运动所表现出的特征，打开了通往神奇的量子力学世界的大门。

玻尔当时在英国卢瑟福研究所工作，研究原子的形态和运作原理，该研究所是原子模型研究的先驱。在卢瑟福研究所的原子核模型中，电子围绕小却重的原子核快速旋转，这一模型与我们当前的认识是一致的。但是，这个原子核模型存在很大问题。根据麦克斯韦方程组，电子围绕原子核进行快速旋转时，电子应当产生电磁波。电子产生电磁波是因为电子不断释放能量，最终丧失所有能量。但如果电子真的失去所有能量，世界上所有原子会在一瞬间衰变，那么这个世界也就不复存在了，没有比这更可怕的事情了。

玻尔认为，没有必要将适用于大磁铁与粗电线的麦克斯韦方程组应用到电子等微小粒子的世界中。玻尔假设微小粒子世界遵循其独有的规则，而在生活于由巨大物体构成的世界的人类眼中，这个规则是非常新奇而怪异的。特别是玻尔认为电子的移动具有多种“状态”，在这一状态下，电子即使运动，也不会释放能量，唯有在由一种状态转换为另一种状态时才会释放能量。此外，电子在展现这一特性和运动状态时也稳定形成了卢瑟福原子核模型。玻尔虽然没能对其中的原因进行说明，但是告诉了世人在微小的原子世界中发生着某种神秘的事情，想要对其进行说明需要全新的物理学。以玻尔为中心对新物理学产生兴趣的欧洲学者聚集在一起，碰撞出了知识的火花。

受玻尔的影响，维尔纳·海森堡和埃尔温·薛定谔探究出了量子力学的数学原理。首先，海森堡在计算电子从高能量状态下快速转变为低能量状态的概率时发现了量子的一个重要性质。当时海森堡为了计算量子的飞跃概率（转移概率），引入了较先进的矩阵数学（所以海森堡像爱因斯坦一样，需要其他数学家的帮助）。由此发明的矩阵力学可以准确地对量子的飞跃概率和能量进行说明，同时也表现出了量子非常奇特的性质。

下面对这一性质进行详述。上文提到有的原子只有一个电子，那么思考一下，这个原子的电子在哪里呢？它又是如何运动的呢？当然，在对电子的位置和动量进行直接观察前，无法一一做出回答。也就是说，在观察前，电子的位置和动量都是不确定的，而在观察以后，这种不确定性会降低。根据海森堡理论，可以分别获得电子的位置和动量的“不确定量”，而两者的乘积不会超过一个固定的值。因此，我们无法同时降低电子的位置及动量的不确定量。也就是说，不可能同时正确估测出电子的位置和动量。这就是海森堡的不确定性原理。

海森堡利用观察电子的方法对这一原理的真实性进行探讨。对某物进行观测的行为是向某物发射光并使其反射的行为。为了观察电子，需要向电子发射波长短、能量高的光，也就是伽马射线。伽马射线发射出后，才能得知电子的具体位置。接受伽马射线的电子会怎么样呢？电子会接受巨大的能量，摆脱原来自身的运动方式，被弹出去，呈现出非常不稳定的状态。因此，我们虽然可以准确测定到电子的位置，但是对于动量，只能获取更为不准确的信息。也就是说，没有在微小粒子世界中使微小粒子不受影响还能客观观测粒子的方法。我们的观测行为是给粒子世界带来了巨大影响的能动性行为，因此电子的两个不确定量，我们只能一次获取一个。

双重缝隙

缝隙是指隔断光-电磁能量的挡板上的狭窄缝隙。双缝实验中第一个挡板上有一个缝隙（单一缝隙），第二个挡板上有两个缝隙（双重缝隙）。第二个挡板后放置可感光的探测屏。

量子的奇妙性质在薛定谔的研究中展现得更为明确。薛定谔通过研究光对量子力学进行研究。光是粒子，也是波——这是薛定谔的核心思想。当时这样的想法非常激进，仅有少数人秉持这样的观点。而支持这一想法的强有力证据就是双缝实验。

光从有一个缝隙的第一个挡板

双缝实验

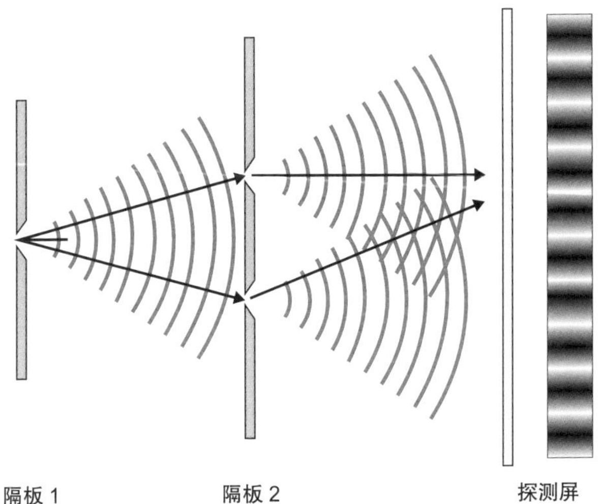

在大量光线照射下，打开双重缝隙，探测屏上会出现干涉纹。干涉纹是两种波动相遇时相互干涉而形成的纹路。因此，这个现象可以证实光的波动性

对面射到挡板上，光通过第一个挡板的缝隙再通过第二个挡板的两个缝隙到达探测屏，此时探测屏上会出现干涉纹，这就是证明光的波动性的现象。

但是，为了每次只让一个光子通过挡板的缝隙，便使用弱光持续照射，但这样也无法观测到完全一样的干涉纹。一个粒子同时通过第二个挡板的两个缝隙时无法不相

量子的互补性

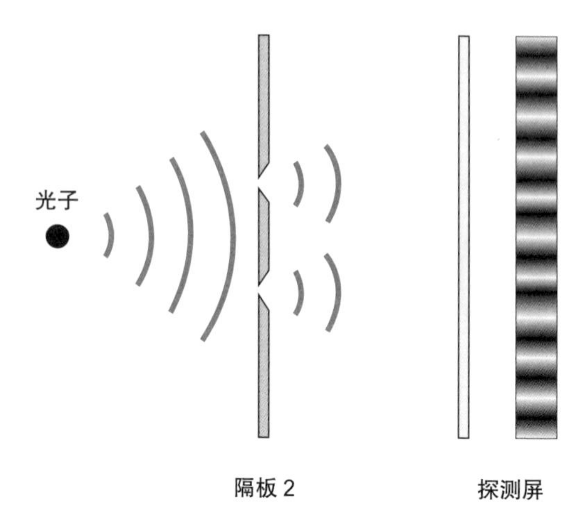

只有一个光子射出时，探测屏上也会显现出干涉纹。这个光子通过第一个缝隙的瞬间并非像粒子一样，而是像波一样移动。此外，干涉“纹”是光子的点形成的，由此可以证实光子的双重性。玻尔将这种双重性称为量子的互补性

互干扰，这是波才能产生的现象。也就是说，原本以为是粒子的光子实际上具有波动性。此外，观察探测屏上的干涉纹也可以得出相同的结论，因为干涉纹就代表着波动，形成纹的一个个点就是粒子。

堵上第二个挡板的一个缝隙，只保留一个的话，光子就像告知自己原本是粒子一样，会逐渐印在底板上。只打开双重缝隙中的一个是基于“现在要观测光的粒子性”

而进行的清晰观测行为。这样表露出观测者目的的话，光也会说，“现在我要向着粒子行动”，然后下决心向着粒子行动了。

包括玻尔在内的学者通过双缝实验看到了光的互补性和观测行为的重要性，并与海森堡的不确定性原理联系起来。光（电磁）既是波，也是粒子。还有通过主动观测，只能得到光的一种特性。如果敞开一个缝隙，我们可以观测到光子的粒子性；如果敞开两个缝隙，我们可以观测到

半导体和磁共振成像（MRI）

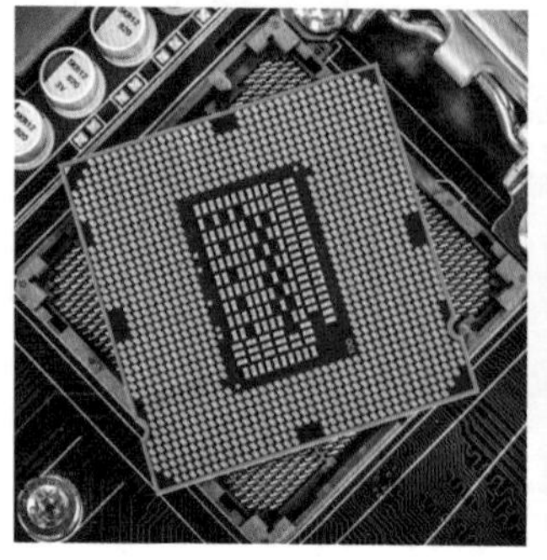

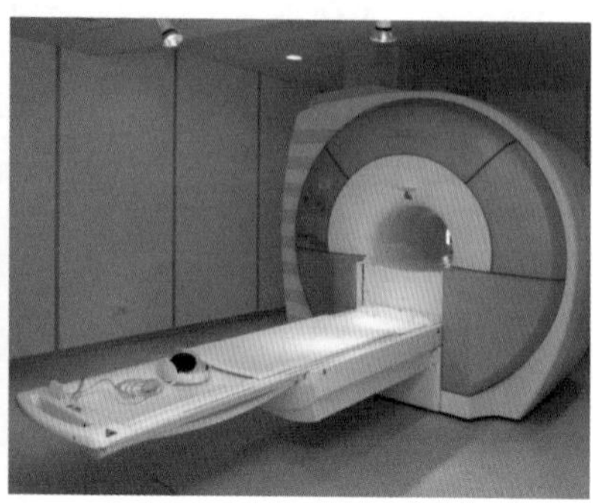

半导体（左图）是可以在固体内进行大量电力信息交换的物体，只能根据薛定谔波动函数对固体内部的电子移动进行计算来实现。半导体是应用于像计算机一样需要进行大量计算的复杂电子机器的神奇物体，它极大地改变了我们的学习、工作和恋爱方式。磁共振成像（右图）是给构成人体的量子提供大量电磁能量后，将其释放能量的状态拍摄下来的技术。磁共振成像是医生可以观察患者体内情况并进行诊断的仪器，为提高人类福祉做出了贡献

光子的波动性。关注探测屏上的纹路，我们可以看到波动，如果关注构成纹路的光子的点，我们可以看到粒子。因此，我们的观测行为使得粒子的双重性“崩溃”。

对于可以轻易接近人类周围的巨大物体来说，量子与其他观测者或是物体间进行相互作用，并将其固定为一种状态。所以，我们在看到猫的时候，不用困惑那到底是猫还是老虎，因为那只猫已经与世界上其他物体进行相互作

用，形成了稳固的猫的形态。但是，在微小粒子世界中，粒子仍然以波的形式存在着。薛定谔以这一理论为基础，构建了可以计算量子在特定时间存在于特定地点的概率的波动函数 ψ。

如今量子力学利用波动函数 ψ 研究出了多种可以对粒子的产生与消亡、粒子的种类和能量以及粒子运动进行精确预测的数学方法。因此，量子力学发展成为综合热力学、电磁学以及核物理学的“万能理论”。但是，重力、爱因斯坦的相对论体系还不能与量子力学进行完美融合。所以，现代物理学家将综合量子力学和相对论视为最高任务，不断进行研究，力图创造出一个万能理论。

DNA 之旅

20 世纪，人们对粒子和宇宙等客观世界的认识有所进步，但也是人类把自我进行拆分，开始仔细自我探究的时代。我们得知了身体究竟由怎样微小的生命体和物质构成，这些小生命体和物质如何通过热力学、电磁学和化学作用创造出生命现象。在对生命的关注下，生命科学家在人类体内某种物质承载着怎样的信息，又是如何形成的，物质和信息对生命多样性有着怎样的意义等相关领域取得了相当多的研究成果。下面，让我们从 DNA 的角度来看看生命科学发展的过程。

沃森和克里克提出 DNA 结构模型后对生命的不断研究是强调知识相互联系和综合的重要性的另一个事例。将对 DNA 的结构、作用以及进化原则进行说明，但不了解进化的遗传定律和生物学原理的人（达尔文）、虽然对遗传定律进行阐述但不了解生物学和进化论的人（孟德尔），还有后来发现了被称为 DNA 的物质但不清楚这与遗传和进化有怎样联系的人（米歇尔等）的研究整合为一，才得到了解答。

查尔斯·达尔文提出的进化论对生命科学具有重要意义。事实上，早在达尔文以前，人类就已经发现了物种变化的现象，甚至知道物种变化的方法，并加以利用。从很久以前开始，人们就掌握了为种好地而对谷物品种进行改良，或是为了得到更加温顺健壮的家畜而对动物品种进行改良的方法了。此外，在 19 世纪，欧洲人征服或探索世界时已经积累了大量对于物种多样性和栖息环境多样性的知识，因此自然而然对世界为何如此多样，以及多样性和环境有着怎样的关系等问题产生了好奇。

进化论的先驱是 19 世纪主张进化论的法国的让·巴蒂斯特·拉马克。拉马克进化论的特征是生命更多地使用某些功能和器官，这些功能和器官会得到强化，强化的结果会延续到后代（不常使用的特定功能和器官会退化，这

查尔斯·达尔文

查尔斯·达尔文（1809—1882）提出了进化论，从现代视角审视了生命的多样性

一特征也会传递给下一代）。从拉马克的说明来看，在茂盛丛林中生活的猴子因为常常用双臂在树间穿梭，攀爬藤蔓，所以经过数代就演变成了长臂猿。因此，适合丛林的生命便在丛林中，适合沙漠的生命便在沙漠中生活。但是，这与一般的观察结果并不相符。人们给干瘦的牛喂大量饲料，使其健壮起来，但这头健壮的牛产下的牛犊仍然是瘦弱的。

达尔文与拉马克不同，他的理论能够解释瘦弱品种的牛变壮后产下瘦弱牛犊的现象、世界上生活着许多品种的牛的现象，以及这些现象与环境的关系等。年轻的生物学家查尔斯·达尔文得到了搭乘英国海军探测船“小猎犬号”的机会。“小猎犬号”经过南美洲的偏僻岛屿和海岸，同时进行了一些测量和地图绘制工作，在每一个抛锚的地方展开的神奇生命探险都让达尔文赞叹不已。

距离南美洲厄瓜多尔 1 000 千米的太平洋的一处孤岛——加拉帕戈斯群岛格外吸引达尔文。达尔文首先震惊于加拉帕戈斯群岛的恶劣环境，其次是生活在这里的奇特物种。这两点使达尔文产生了一个想法。“为什么偏偏在这样恶劣的环境中发现了这样奇特的物种呢？极度恶劣的环境和极度特殊的品种之间有什么样的联系呢？”对奇特环境中奇特生命生存的理由感到好奇的达尔文与拉马克的好奇心是一样的。

后来，达尔文投身于拉马克去世后成为热门研究领域的多种化石研究，发现灭亡后只留下化石的物种和现存物种存在非常多的共同点。他们还发现，曾对某个物种起着重要作用的器官，如人的尾骨，可能不会在其他物种中发挥作用，但可能会退化，只留下一定印记。最终，达尔文得出结论，即物种为了适应来自环境的压力而逐渐变化和分化。

达尔文对明显与物种变化有关而拉马克没有关注到的两种现象产生了兴趣，最终提出了完美的进化论。第一种

现象是物种与功能完全无关的多种变化。达尔文首先对龟类多种无用的厚重的壳和地雀的喙存在的意义感到困惑。随“小猎犬号”航行考察后，他意识到，这是生命具有产生与目的或意图无关的多种变化的特征的证据。

后来，达尔文为证明生命具有产生变异的倾向，给世界各地的人写信，以获知各种生命变异的现象。达尔文收到了数百封回信，通过分析这些回信的内容，达尔文得出了生命确实具有产生无数无用变异的结论。

第二种现象事实上是通过两类观察综合得出的。一个是人类选择性地让家畜进行交配，以改良家畜的品种。另一个是独立于陆地的岛屿上有许多奇特的物种。达尔文对改良家畜品种和培育鸽子品种产生了浓厚的兴趣，并直接对此进行了研究。

品种改良是通过选择性交配产生特定变异，使品种的特征产生变化。就像人类改良动物品种时有意识地选择更加温顺的牛进行交配一样，在自然环境中，如果一个地区更温顺的牛找到伴侣，而凶恶的牛繁殖失败的话，那么这个地区的牛整体会变得更加温顺。这时候，因为岛屿距离陆地很远，所以陆地上凶恶的牛群和岛上温顺的牛群无法进行交配，最终陆地上凶恶的牛和岛上温顺的牛将成为不同的物种。

那么，是什么决定了在一个地区具有某种变异的个体能够成功繁衍而另一些个体会失败呢？达尔文认为，是自然环境决定了这一切。在某种环境中出现新变异的个体时，如果这一变异能让这一个体在所处环境中获得大量食物、更有利于应对天敌和养育幼崽，个体就可以生存并繁衍下去。假如食物和资源有限，需要为争夺异性而竞争的话，具有更适应环境突变的个体比具有不太适应环境突变的个体更容易生存，交配的机会更多。因此，在这个地区，具有更适应环境突变的个体的比例会逐步提高。

查尔斯·达尔文的研究结果显示，生命变化具有产生无目的变异与依据环境适应性进行选择性繁衍两大原理。

丛林中的飞鼠和南极的帝企鹅

为什么“松鼠”要长翅膀，而有的鸟却飞不起来，只能在陆地上摇摆前进？生命会像这样产生完全无目的的变异。在丛林中生活的松鼠如果长出翅膀，会比其他松鼠更能躲避天敌的追捕，并能获取更多的食物。因此，在丛林中，飞鼠的数量逐渐多于普通松鼠。在食物竞争非常激烈的时候，普通的松鼠会敌不过数量增加的飞鼠，逐渐消失在丛林中。而在沙漠中生活的老鼠如果长出翅膀，因不适应环境，反而会成为负担，更容易被狐狸和蛇吃掉。对于在南极生活的鸟类而言，聚集在一处取暖比飞起来更重要。而在雨林中生活的鸟类如果同企鹅一样囤积腹部脂肪，会因为难以散热而死亡，并且因为不能飞，很容易被敌人吃掉

达尔文的理论以充足的观察结果为基础，用简单的原理对生命变化的所有现象进行说明，因此得到了许多学者的强烈支持。特别是达尔文的进化论虽然与神创造世界的基督教信仰相对立，但随着被逐渐传播，最终生命现象的科学

格雷戈·孟德尔

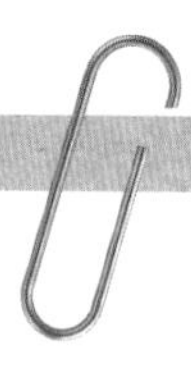

格雷戈·孟德尔（1822—1884）通过豌豆杂交试验阐明遗传定律

成为脱离宗教的理性主义理论。达尔文为生命变化的理论奠定了基础，后代科学家开始探究使得生命物种产生变化的生物学因素以及变化的原理。

格雷戈·孟德尔通过对遗传定律进行整理，促进了生命科学的发展。孟德尔通过分析豌豆杂交试验的结果，得出了以下两大遗传定律。

第一，分离定律。在孟德尔之前，人们主要认为，如果黑牛和白牛进行交配，会得到两者混合的花牛，让红花

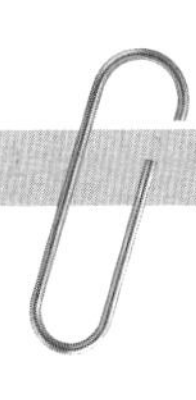

分离定律

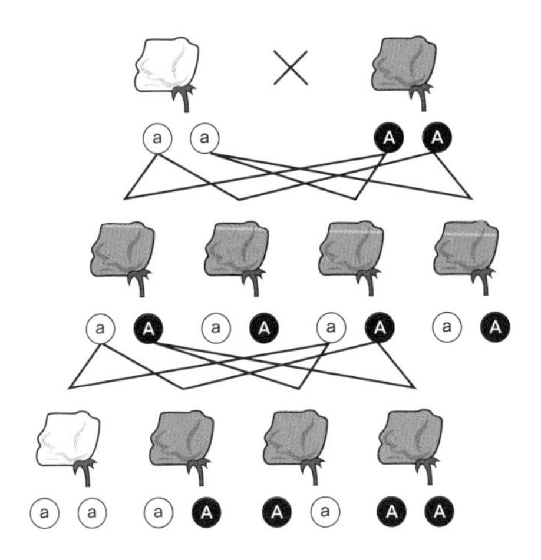

决定花朵颜色的遗传因子用英文 A 来表示，大写字母 A 是产生紫色花朵的因子，小写字母 a 是产生白色花朵的因子，纯种紫色花朵豌豆只有一对A，纯种白色花朵只有一对a。在繁殖过程中，纯种AA分为A和A，将其中一个遗传给下一代。纯种 aa 也分为 a 和 a，将其中一个遗传给下一代。因此，下一代同时具有 A 和 a 两种因子，并开出了紫色花朵。而再次繁殖的时候，遗传因子 Aa 再次分为 A 和 a，向下一代遗传其中一个因子。最终，第三代豌豆会以 3:1 的比例开出白色花

和白花杂交，会得到两种颜色中和后的粉红色花。孟德尔证实，事实并非如此。开紫色花的纯种豌豆和开白色花的纯种豌豆杂交后得到的下一代豌豆的花并非紫色和白色的中间色，而是紫色。孟德尔进一步尝试让紫色花的第二代豌豆间进行杂交，惊讶地发现它们会以 3∶1 的比例再次

出现白色花。孟德尔认为存在将花朵的颜色遗传给下一代的生物学要素（也就是后人所称的基因），这一要素在第一代豌豆体内成对存在，在繁殖过程中分别一分为二，遗传给后代。

第二，独立分配定律（自由组合定律）。孟德尔以分离定律为基础，将第一代豌豆遗传给后代的特征分为花朵颜色、豆子的形状等七种，并且这些特征互不影响（也就是花朵的颜色不会对豆子的形状产生影响）。因此，这七大特征分别具备与一个特性相关的独特生物学遗传因子。综合第一个定律与第二个定律，与遗传相关的生物学因子有很多，一个遗传因子决定一个特性，所有遗传因子都是成对存在的，在繁殖过程中分离，并且只有一个遗传给下一代。

孟德尔的研究当时得到了世人的好评，但并不像今天一样被视为生命研究的伟大成就之一。因为包括孟德尔本人在内，没有人意识到遗传的生物因子概念和遗传定律预言了 DNA 双螺旋结构。20 世纪对细胞世界和生命现象整体的认识得到进一步发展后，孟德尔的功绩才得到了重新评价。

1869 年，DNA 软绵绵的生物学形态被瑞士的弗里德里希·米歇尔首次发现。米歇尔因在细胞核中发现了它，所以将其命名为核素。大约 10 年后，德国的科塞尔将核素中的核酸和蛋白质分离，分离出了构成核酸的 5 种碱基（胞嘧啶、鸟嘌呤、腺嘌呤、胸腺嘧啶和尿嘧啶）。但是，科塞尔将 DNA 溶解后进行分离虽然得到了构成 DNA 的物质种类，但是 DNA 的具体形态及功能等问题无从知晓。进入 20 世纪后，费伯斯·列文探明核苷酸由碱基、核糖和磷酸组成。

到 20 世纪初期，进化论、遗传定律和 DNA 结构分析研究从各自独立逐渐向相互联系发展。首先在 1927 年，苏联的尼古拉·科利佐夫主张孟德尔的遗传定律因两个遗传分子表现出来，将孟德尔遗传定律引入了分子生物学的世界。

此外，对第一次世界大战末期发生的西班牙流感疗法进行研究的英国医学家弗雷德里克·格里菲斯也进行了多次试验，以验证 DNA 的功能。格里菲斯对具有保护膜、可破坏宿主免疫功能且致死的恶性肺炎病毒和没有保护膜、被宿主免疫系统消灭的肺炎病毒进行研究。如果将恶性病毒加热杀死后注射给宿主（主要是老鼠），宿主并不会死亡。但是，如果将死亡的恶性病毒和活着的活力较弱的病毒共同注射给宿主，宿主就会死亡。即使加热也不会死亡的某种纯分子构造会使失活的恶性病毒中隐藏的有较弱活性的病毒变形。

1944 年，美国的艾弗里、麦克劳德和麦卡蒂在论文

沃森和克里克

詹姆斯·沃森（左）和弗朗西斯·克里克（右）综合了对生命变化的相关研究成果

中证实，导致这一变形的分子正是米歇尔、科塞尔和列文等人发现的 DNA。1953 年，美国的詹姆斯·沃森和弗朗西斯·克里克根据英国的富兰克林和戈斯林拍摄的 X 射线照片提出，DNA 是双螺旋结构，在减数分裂时一分为二，并遵循孟德尔的遗传定律。

孟德尔、沃森和克里克（以及无数后人）对大小不足 2.5 纳米的 DNA 的结构和功能的研究涉及多个领域，在 100 年间不断累积发展，相互联系，成果也逐渐显现出来。近年来，以分子生物学为基础进行的生命科学向

克隆羊多莉

通过两性繁殖，仅可以复制一半 DNA 遗传给下一代，如果复制体细胞，其中的遗传信息也会被一同遗传给下一代。多莉是通过体细胞克隆出生的绵羊，具有提供 DNA 的上一代绵羊所有的生物学特性。多莉的寿命只有同类羊的一半，在 6 岁的时候因肺病死亡。对于多莉的死亡，有许多种说法，最有力的说法是多莉因受保护而被困在室内生活，所以患了肺病，还有多莉克隆了 6 岁羊的体细胞而出生，所以出生时已经 6 岁（因此多莉死亡的时候实际上已经 12 岁）

着 DNA 中某种碱基序列（遗传基因）与各种生命体的某种特征有何种联系进行分析的方向发展。特别是达尔文提出，物种变化是由基因突变、扩散以及选择性保留引起的，这使得生命进化的原理得到了更加科学的解释。

现代生物技术已经开发出一种技术，通过发现和处理致病基因，提取和克隆哺乳类动物体细胞中完整的遗传信息，以代替患病细胞。或许过不了多久，我们身边的生物技术就能在基因层面实现对生命现象的完全控制。然而值得思考的是，这种力量的使用是不受限制的吗？关于其利用，我们究竟应该把握怎样的度呢？

20 世纪初，相对论、量子力学与生命科学融合了牛顿力学三大定律、热力学三大定律、麦克斯韦电磁方程组、原子模型、曲面数学、矩阵数学、概率数学、进化论、遗传定律、显微镜、X 射线等人类社会中历经漫长岁月而形成的学术理论，产生了一定的飞跃。科技就是如此，在经过一次次复制、联结与融合后才得以发展成如今的模样。当今的相对论、量子力学、生命科学与核物理学等已经逐渐发展为集生态环境保护、原子能开发、寿命延长、宇宙开发、宇宙结构研究、人工智能和机器人学等未来指向性科学为一体的综合性跨学科科学。20 世纪初的人们绝不会想象到我们今天能生活在这样一个随处可见计算机与网络的世界里。现在的我们，享受着由各种电子产品、合成物质以及医药学技术带来的惠泽，便利而又舒适地生活着。而这一切，都来自我们身边多种多样的科技的融合发展。不过，可悲的是，前人也未曾想到，此后的人类世界会如此疯狂地向地球进行剥削榨取。

核物理学的发展历程

1901年，诺贝尔奖首次颁发，旨在对那些在化学、生理学或医学、物理学、文学以及和平领域对人类发展做出过重大贡献的人进行嘉奖。自1968年起，增设诺贝尔经济学奖。迄今为止，可以说诺贝尔奖最为“青睐”的名字便是“居里”了。玛丽·居里（即居里夫人）曾获得诺贝尔物理学奖和诺贝尔化学奖，其丈夫皮埃尔·居里曾获诺贝尔物理学奖，长女伊伦·约里奥-居里和女婿弗雷德里克·约里奥-居里又双双成为诺贝尔化学奖的得主。居里一家的成就可以概括为对原子核放射性衰变及放射能的研究，而这种研究又成为当今核物理学的基础。

核物理学
研究原子核的结构、性质和变化规律的学科。

核电站事故

图为受海啸影响而发生放射性物质泄漏的仙台核电站。在法拉第电磁学的基础之上，人们利用 20 世纪以来发展迅速的核物理学、量子力学与相对论中的数学基础，建造了能够进行大规模发电的核电站。但由于核能事业的发展往往伴随着大量放射性污染，它们会给人体带来致命的伤害，因此核废料的处理以及核电站事故后放射性物质泄漏对人们来说都是极大的问题与隐患

在牛顿、爱因斯坦等提出的重力以及麦克斯韦等提出的电磁力的基础之上，核物理学的发展使得自然界中的强大力量——核裂变能和核聚变能的研究与开发成为可能。

核物理学的模因被广泛应用于各种领域。首先，从粒子物理层面来看，核物理学与量子力学有着十分密切的关系；从物质的能量与力学相关的理论层面来看，

它又运用了相对论的数学基础。因此，现代核物理学同相对论、量子力学一起，正在一步步发展为能够对宇宙结构做出全面阐释、对存在于自然界的所有力量以及它们之间的关系做出清晰解释的“万有理论”。

除了物理学，核物理学的模因还被应用于物理学之外的许多学科和技术中。特别是其中有关放射性同位素半衰期的知识，让人们对地层、岩石和化石地质年龄以及古代遗迹的年份的测定成为可能。可以说核物理学对人类社会做出的最大贡献，就是它促成了原子能的发展与人类对原子弹的发明利用。原子能的发展需要结合核物理学、相对论、量子力学等知识，通过对放射性元素核裂变的控制来获取能量；原子弹则要依靠核能的爆发，可以说是极其不可控的。无疑，它们为人类提供了巨大的能量，但同时，它们也成为破坏人类与生态环境的罪魁祸首。赫尔曼·穆勒证实了x射线可以诱发基因突变，从而实现了物理学与生物学之间知识与技术上的相互交流。此外，这唤起了人类对核能所具有的危害的关心，人们开始对科技文明进行适当的控制。

帝国主义与亚洲科学

可以看出，电磁学、热力学、钢铁和内燃机等欧洲发源的科学技术不仅促进了人口增长与工业化发展，而且促进了运输工具的发展与武器的改良。这些在客观上助推了欧洲大陆帝国主义的扩张以及殖民征服。欧洲帝国主义席卷了非洲、美洲与亚洲，客观上引发了全世界科学领域的巨大变化。其中较为突出的一点是，欧洲科技走向世界，它们代表的是全球科技的顶尖水平。

在帝国主义扩张过程中，欧洲人一直对全世界各个地区固有的传统文化与演变持否定态度。他们不遗余力地散布自己的知识、宗教与思想，不予接受的人在他们看来是未开化的野蛮人，理应受到蔑视。他们在掠夺中国、剥削非洲、强占印度的过程中均使用了当时前沿的科学技术，可以说在某种程度上也向他国炫耀了己方钢铁战舰、铁路、电信与电话的强大威力。由此，其他地区的人们不得不开始正面应对来自欧洲文明与文化的“袭击”。一部分人渐渐被同化，一部分人依然持强烈反对态度，还有一部分人完全适应了变化，开始积极接纳新知识和新技术，并期待有朝一日能够像欧洲一样踏上工业化的发展道路。提到属于最后一种情况的国家，不得不提及一个典型事例，那便是亚洲的日本。

日本位于东亚地区，在地理位置上与欧洲相去甚远，所以在欧洲帝国主义扩张初期未受到太大影响。不过，西方帝国主义国家的战舰最终还是开进了日本海港。自此，日本同这些国家展开了贸易活动。19世纪中期，以美国为首的英国、法国、荷兰等国纷纷打开了日本的门户。也正是从这时开始，为了跻身强大帝国行列，日本国内逐渐形成了全面吸收欧洲文化的趋势。经过明治维新这一历史剧变后，在科学技术、工业化、资本主义、君主立宪制等方面，日本从知识、方法、制度、思想等方面均向欧洲进行了大规模学习，并由此踏上了建立帝国之路。

在这个时期，日本的代表性科学家是长冈半太郎。19世纪下半叶，长冈曾在德国和奥地利留学，聆听了居里夫人等欧洲世界级学者的课程。他以原子模型“土星模型”的研究著称。他发现土星环总是能以一种稳定状态围绕土星运转，由此提出推论，称原子若要维持稳定状态，其中心的质量就需要相对偏大，只有这样，微小粒子才能一直围绕其旋转。长冈的研究对卢瑟福产生了很好的提示作用，从而加速了卢瑟福原子模型的最终诞生。

另一个代表性人物是汤川秀树。在日本帝国主义发展冲向最高峰的20世纪30—40年代，汤川秀树可以说是日本科学界的重量级人物。1949年，因在核力的理论基础上预言了介子的存在，汤川秀树获得诺贝尔物理学奖。

可以说，当时的日本已经慢慢成长为可以对科学界的发展进化做出积极贡献的国家。

然而，日本科学与工程学之所以能够发展，其动力根本上还是源于建设大帝国的野心。这种野心为亚

作为第一个获得诺贝尔奖的日本人，汤川秀树向“二战”后经济萧条的日本及日本人民传授了自己的知识与技术，成为激励大众在战后进行建设的精神力量

洲各国人民带来了不计其数的伤害，也加速了日本最终的惨败。不过，工厂和研究所虽然化为了废墟，但科学知识和工程技术得到了保留，它们成为战后重建日本的重要精神力量之一。也正因为日本全社会上下对科学与工程学足够重视，所以在世界科学与工程学的发展过程中，日本直到现在一直发挥着重要的作用。特别是在电子学、机器人学、物理学、生命科学等领域，日本所掌握的知识和技术曾长期代表着全世界最高水平。

而对印度来讲，一切却截然不同。印度受英国的殖民统治，无法像日本一样实现工业化，更无法成为以科学技术为中心的资本主义帝国。但是，印度创造了计数法，在几何学、代数学、三角函数等数学领域发挥了先驱作用。所以，将数学看作独一无二的语言的欧洲科学进入印度时，哪怕正处于殖民统治的黑暗中，印度人民也依然可以在科学领域崭露头角。

其代表性人物是印度物理学家拉曼，他因光散射方面的研究工作和拉曼效应的发现而获得 1930 年诺贝尔物理学奖。所谓散射，指的是光束、波动或粒子束在传播时偏离原方向而分散传播的现象。拉曼向人们展示出光在散射过程中会发生能量的增减，这与菲利普·莱纳德的光电效应实验一样，是量子理论的重要依据之一。

此外，印度物理学家萨特延德拉·纳特·玻色也是活跃在量子力学研究一线的一位巨头。特别是他与爱因斯坦一直保持紧密的联系与协作关系，他们一起构建了玻耳兹曼统计理论的量子版本——玻色-爱因斯坦统计。后来，这些体系中的粒子便以他的名字命名，被称作玻色子。

1983 年，印度裔美国籍物理学家和天体物理学家苏布拉马尼扬·钱德拉塞卡因对恒星结构和演化过程的研究而获得诺贝尔物理学奖。在这一结合了流体力学与相对论天体物理学的复杂的数学领域中，他导出白矮星的质量上限（即“钱德拉塞卡极限”），指出如果超过这个极限，恒星将不得不释放出剩余质量，从而发生塌缩。这为之后科学界关于黑洞的研究起到了一定的引导作用。

当今的科技时代

直至 20 世纪上半叶，数学与科技等一直处于不断的丰富发展状态之中，它们反复得到重新解读，并建立起一定的联系。今日的科学家将多种多样的模因进行组合，以探求“万有理论”的出现。

宇宙万物的真理既隐藏在远古的宇宙大爆炸中，又隐藏在爆炸后产生的恒星和星系中；相对论与量子力学统一道路上的关键既存在于黑洞中，又存在于螺旋星系的运转中；对粒子能量与物质诞生进行的研究既可以通过地球物质，又可以通过宇宙中飘浮的不计其数的粒子来实现。因此，如今的科学家选择通过哈勃空间望远镜来观测宇宙，将自动探测仪器放置于穿梭太空的彗星之上，并借此来对宇宙中发生的物理现象和变化进行研究。为了了解宇宙结构，他们还向太阳系发射了多个探测器。由此可见，当今的物理学研究与各项宇宙开发事业有着密不可分的关系。不过在这之中，它们具有同一个指导思想。

从古埃及、美索不达米亚发源的人类科学技术，到现代已经发展进化为高度复杂的体系，给人类带来了多方面的影响。接下来，我们将通过生活中的几个场景，探究人类历史上悠久的科学进化过程是如何一步步实现的。

在医院

首先，让我们设想一下自己突然开始腰疼，而且是极度疼痛，甚至走路都费劲，不得不去医院。到骨科后，医生首先会运用自己日积月累的医学知识来向我们发问。“请问是哪里不舒服呢？”回复了是腰疼之后，医生便会要求我们去拍摄 X 射线照片。X 射线是 1895 年伦琴在探索阴极射线本质的研究时意外发现的。他使加速后的电子撞击金属靶，通过实验发现了 X 射线这种波长较短的电磁波。而在伦琴之后，多位学者又利用这一点发展出对物体、人体或小分子内部进行透视拍摄的技术。X 射线能区分出人体内的成分，它可以穿透人的血液、肉体与皮肤等，反射出骨骼类的成像。因此，只需在照射另一侧放置一张底片，对人体进行 X 射线照射后，成像便会自动投

可以透视人体内部的技术

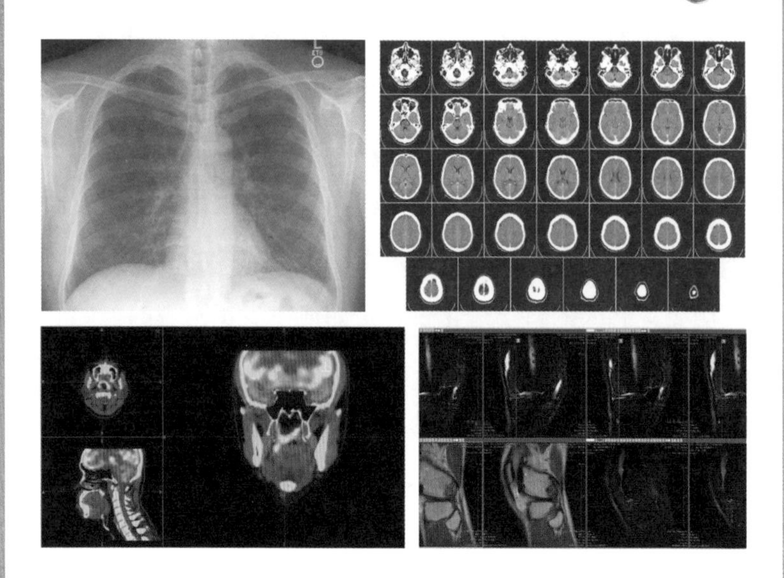

图片分别是胸部 X 射线影像、脑 CT 影像、磁共振成像、PET（正电子发射体层成像）（顺时针方向）。得益于这些无须通过解剖便可透视人体内部结构的技术，当今的医生得以对患者进行准确的诊断与治疗

射在底片上。这样一来，我们无须对人体做任何改变，就能将内部情况观察得一清二楚。

如果拍摄 X 射线后，我们依然无法得知腰疼的原因，医生会建议我们做更细致的检查。我们有很多选择：首先是照三维 X 射线的 CT 装置；如果血管出现了问题，可以利用能够降低 X 射线通过率的造影剂，将其引入靶血管拍摄血管造影片；若针对其他病症或部位，也可以向体内注入放射性同位素，接下来这些元素会释放出伽马射线，而利用 PET 扫描可以做出准确的捕捉与识别。第二次世界大战期间，为搜寻水下潜艇，曾运用过超声波技术，我们也可以利用这种技术来进行超声检查。不过，由于以上拍摄技术均存在不同的优缺点，因此建议大家最好将两种以上进行结合使用，只有这样，我们才能获得更为准确的信息。

如果需要做手术，我们首先要进行一些“药物”（提取或合成对人体有益的物质，来帮助维持人类的生命活动）方面的准备，这点从阿拉伯帝国时期就已经开始成形了。在手术开始前，我们需要借助抗生素来对手术过程中可能侵入人体的病菌进行提前防御。抗生素是在高稀释度下对一些特异微生物有杀灭或抑制作用的微生物产物。在亚历山大·弗莱明发现青霉素后，抗生素一再得到改良，为医学发展做出了巨大贡献。下一阶段是注射麻醉剂，接下来就到了该上手术台的时候。若手术部位面积很小，且周围的其他部位不能触碰，医生会使用机械手臂来完成手术。作为随人类社会进化而出现的综合机器制造、测量与控制技术的产物，机械手臂的末端往往带有超高频激光器，可以在防止病菌感染的同时精准地对手术部位进行切割。

如果我们的内脏器官受到了无法挽回的损伤，必须进行切除，那么要考虑接受器官移植的问题。人体是非常协调完美的有机体，对来自外部的脏器会相应地产生很大的抵抗性。而如今的生命科学可以很好地解决这个问题。简单说来，就是利用患者的体细胞来对其 DNA 进行复制，以制造出能够与患者本人进行完美适配的器官。此外，为辅助生理机能而将小型机器放入人体内的技术在不断发展，甚至有研究正在寻找引起细胞老化和疾病的原因，并修改与之相关的 DNA，或通过 DNA 制造能够充当医疗设备的细胞。

在飞机上

接下来，让我们登上客机看一看。事实上，就在我们还沉浸在飞行恐惧症所带来的焦虑之中时，蒸汽机发明后人类所持续推进的引擎制造技术与热力学相关知识与技术已经能够实现瞬间通过涡轮喷气发动机进行空气压缩、燃料燃烧等一系列行为，并产生强大的驱动力。不久之后，借助阿基米德之后的流体力学理论，达·芬奇、莱特兄弟和现代飞机制造商所设计的机身与机翼二者结合的结构使得发动机驱动力的一部分转化为升力，从而使飞机飞上了高空。

当然，最令人担心的还是如果在空中和其他飞机相撞该怎么办。不过，可以说这种可能性是完全不存在的，因为机场塔台会利用雷达来阻止此类事情的发生。向空中发射电磁波后，它遇到物体时会被反射，此时人们便可以通过计算其返回速度来估算并找出物体的位置，然后进行躲避。虽然用来计算位置与移动的雷达在20世纪上半叶就已经被发明了，但随着时间的推移，它的性能变得越来越好，这一点我们可以充分相信。而且，如果仅凭雷达还不足够的话，我们还有近些年开发的GPS（全球定位系统）技术来做支撑。通过GPS，空间中各架飞机的三维位置均能被精确识别，从而达到避免碰撞的目的。GPS是受火箭发动机、牛顿力学与相对论的启发而对人造卫星信号进行活用的一种技术。那么，如何通过对信号的计算来获知飞机位置呢？答案是通过对从伊奥尼亚到阿拉伯帝国一直在发展的三角学的运用。用GPS来定位飞机位置时，需要x轴、y轴、z轴的信息，且人造卫星与飞机之间的时间差（二者距离相关信息）也需要被计算，因此为了获得各方面的数据，我们需要同时借助四颗人造卫星的帮助。

接下来，当飞机顺利结束飞行，即将着陆时，我们的紧张感会再次升至顶峰。如此沉重而又快速飞行的飞机是

新物质

石油不仅可以用作燃料，而且在经过电化学反应过程后可以被用来合成各种新物质。代表性的石化制品是“塑料”。塑料轻便而又结实，可以被用来制作各种容器与产品，不过因为它们不会轻易腐烂，所以大量塑料制品被埋入地下后对土地造成了非常严重的污染。另外，除石油化学之外，人们也一直在尝试对金属进行电化学反应处理，使之变为具有多种特性的特殊金属。其中代表性的制品是比普通金属更不易生锈（耐腐蚀）的“不锈钢”产品

如何做到仅凭细长单薄的起落装置就完成着陆的呢？事实上，起落架是完全够用的。它以一定的力学冲量为基础，机械结构的设计使得它可以充分承受飞机的重量以及速度。而且，其框架、轮胎以及支撑轮胎所使用的材料并不是单纯的铁与橡胶，而是由一些耐震且具有强支撑力的合成材料制成的。由此可见，以上担忧是完全没有必要的。总的来说，空运可以说是人类开发的各种交通运输手段中最为安全的一种，我们大可不必对此感到不安。

在电子产品卖场

这一次，假设我们要搬家，为了给家中添置家电，需要到电子产品卖场进行选购。如果预算有限，只能为家中置办一样家电，你会选择什么呢？我想大部分人会选择电脑。衣服可以送到干洗店，吃饭可以到饭店，但是学习、工作与日常沟通联络不能只靠去网吧来实现。

计算机技术在现代科学技术中称得上是对人类影响最广泛的技术。计算机，顾名思义，是一种“用来计算的机器”。通过计算机，所有资料和信息都会按照二进制算法被处理为由0和1组成的数字，并且连续依次进行运算。其实，最初的计算机和最初的蒸汽机类似，存在许多有待改进和完善的地方。它不仅体积庞大、耗电量惊人，而且运算速度非常慢，可以说是一个巨型“怪物”。不过，凭借“用来计算的机器”这种理念，计算机的运行速度一步步得到提升，其威力也在渐渐增大。因此，可以说这种概念与想法是推动计算机发展与新生的力量与源泉。

实际上，根据量子力学原理，当体积小、能耗低、能依次进行快速运算的半导体出现之日，就是计算机技术开始全面进入并影响人类文明生活之时。相对论学说和量子力学的诞生与计算机没有任何关联，但是，若要实时操控由相对论研究所催生的宇宙飞船，离不开计算机的辅助，

艾伦·图灵

英国著名数学家和逻辑学家，被称为计算机科学之父、人工智能之父。第二次世界大战期间，他曾协助英国军方破解德国的著名密码系统，帮助盟军取得了“二战”的胜利。他提出了“不停演算的机器”这一概念

因为只有依靠计算机才能在短时间内处理大量复杂运算。因此，大多数科学理论在通过科学技术来实现时都需要依靠计算机决定性的辅助作用。

进而，可以说计算机凭借其对大量信息进行快速处理的能力，不论是对观测宇宙、统计并分析亿万粒子的科学家，还是对进行新产品市场调研的销售部门职员，抑或对需要对数千数万人的具体行动做出信息化处理的社会学家、经济学家、心理学家来说，都已成为不可或缺的重要手段与工具。

而且，计算机开发者设计了多样化功能。仅凭一台计算机，我们不仅可以完成复杂的运算，而且能直接将运算结果通过文本形式进行记录与保存。此外，电子游戏的诞生也给人们带来了极大的乐趣与享受。如此一来，所有人都可以结合自己的目的来使用电脑。后来，特别是互联网这一概念的出现，使得计算机又发生了更多变化。此时的计算机，开始由先前的普通机型逐步发展为连接全球、能够通过巨大网络实现人与人信息对接的个人终端设备（掌上电脑）。近年来，人们还开始将计算机所具备的性能，特别是以人际交流为主的网络功能植入小型电子设备，即手机中。技术的发展给人们带来了便利，但另一方面，其过度使用也给许多人的眼睛及颈部健康造成了威胁。

计算机和网络引起了人们对信息通信的高度关注。在此基础之上，物理学中对粒子与粒子运动进行解释的信息论得到了发展，因对人类的信息处理过程与计算机的演算进行类比而生的认知科学也相继出现。因此，试图通过计算机运算来实现人类认知过程的人工智能研究开始兴起。人们将其与机械工程相结合，从而研制出了大批机器人和自动化装置。它们能够进行独立运算，通过一些特定的活动来为人类的生产生活做出贡献。

来，不要忘记我们还在挑选电子产品。如果排除计算机，在这之外仅能购置一种电子产品，你会选择什么

从清扫到勘探

瑞典研制出的世界上第一台扫地机器人“三叶虫”与火星探测器。从此刻起，智能又实用的机械大量出现

呢？首先，让我们一起来看一下优秀电子企业的产品目录。根据目录可见，虽然产品中包含了融合最尖端的电磁学与量子力学原理而制作的液晶触屏手机、平板电脑和可穿戴智能设备，但我们不妨将眼光放到一些更大型的产品之上。电视机怎么样？作为一种能将电磁波所携带的影像及声音信息转化为人类可视可听的影像与声音信号的机器，电视机在不断发展，如今市面上流通的大都是不受屏幕大小影响的超高画质电视机。提及音效部分，更是出现了能够提供逼真的环绕立体声的家庭影院装置。从通过振

动膜片来改变电信号并完成通话的电话和将唱片振动转化为膜片振动的留声机开始，音响设备在此基础上实现了一次次进化与飞跃，变得越来越复杂。如今通过音响，我们可以感受到由重低音所带来的震撼，还能享受到多种层次的音效。当然，如果有人称因自己已经拥有了计算机，所以不再打算买电视机，我们也可以充分理解，毕竟还有许多其他家电产品可供选择。比如，以热力学和化学为基础研发的可以用来冷藏食物的冰箱。冰箱使粮食运输不再是问题，即使目的地位于地球另一侧，我们也可以凭借其良好的储存功能完美实现远距离运送。还有利用短波电磁场来加速物质内部分子运动从而使温度急剧升高的微波炉、夏天的常备电器空调、给人们带来极大便利的洗衣机与吸尘器、提高生活质量的除湿器与空气净化器、电饭煲甚至电子门锁等等……选择余地简直大到令人烦恼。

自我破坏与地球破坏

这次我们将化身为军人，进入训练基地。随着时间的流逝，我们会越来越体会到人命如草芥这一点。首先，我们要接受生化战训练。生化战指的是化学战、生物战和放射战。战争一旦爆发，此时人类所研究的化学、生物学、物理学知识便会统统化为锋利的刀尖，向我们自己反噬而来。毒气弥漫，我们的水源被污染，产生各种霍乱弧菌、伤寒菌、炭疽杆菌；远处核弹发生爆炸，蘑菇云升腾的战场更是无人生还。

接受训练的时间越久，我们就越能感知到，威胁我们自身的科学技术确实是在不断涌现的。战争之时，装备有最尖端导弹的攻击直升机会被用来寻找目标，无论是白天阔步行进的士兵，还是夜晚待在家中的平民，一旦被发现，都会被毫无例外地痛下杀手。装载喷气发动机进行超声速飞行的战斗机、配备最尖端装备的巡逻机、大型轰炸机和小型无人轰炸机，林林总总的战机的出现其实也是对文明的一种破坏。军舰上装载的导弹可以实现激光远程制导，从而精准击中目标，以弹道学为基础完美设置的远程大炮以及大规模杀伤性的坦克和装甲车在战场完备的通信体系协助下也在有序地运行着。可以说现今人类的自我破坏能力在科技的辅助下已经到了“炉火纯青”的程度。

最后，让我们来感受一次北极熊的生活。作为北极熊，虽然我们无法得知自己的祖先是在怎样的环境中生存的，但至少大家都清楚，随着海平面上升，我们赖以生存的基地——厚厚的冰川即将不复存在。因为明明去年还能进行捕食的冰带，今年竟已支离破碎，一块块在海面上漂浮开来。没办法，我们只能冒着生命危险跳进海中，继续寻找新的捕食地。事实上，科学家近年来非常关注全球气候环境和生态系统变化。他们综合各种科学知识，分析污染地球的因素和使地球变暖的原因。虽然答案众说纷纭，但至少有一点我们可以确认，那就是，人类才是全球变暖的最大问题。

工业革命开始之后，随着工业持续发展，工业废弃物和有害气体的排放量大幅增加。地球庞大的生态系统与结构也因此受到了影响。由于海洋污染和人类掠夺，因此以海洋生物为基础的食物链遭到了破坏；由于湿地污染，因此候鸟相继死亡；由于河流和土地污染，因此物种数量逐渐减少；石油作为极受人类青睐的化石燃料，时常会发生骇人的泄漏事故，使广大地区的生态遭到破坏；核废料也给生态系统带来了威胁。汽车、工厂和冰箱等所释放的气体，使地球的大气保护层受到了威胁，发生变薄或是穿孔现象，导致地球气温上升，最终我们踏足的这片家园也很有可能毁于一旦。

现代科学和科学技术在给人类带来巨大利好的同时，也给人类带来了很多危害。因此，目前我们的科学发展所要追求的真理和目标，不仅包括人类文明的进化，而且更重要的是做到可持续发展。然而，对这一真理和目标，至今没有一套完整的科学理论体系。

另外，现如今更重要的是能够控制利用科学技术的社会性和伦理性的模因。以医疗技术发展的情况来看，在技术发展的同时必须使发展成果惠及全人类，使每个人都能平等地享有接受医疗服务的权利，不能出现利用医疗技术来危害他人性命而实现自身生命利益的情况。随着机械和电子产品的发展，化石燃料正在迅速枯竭，所以目前亟待解决的是在发展机械文明和电子文明的同时，如何实现可持续发展。另外，杀伤性武器的发展和生态系统破坏的问题都不容忽视。但是，从目前的社会环境来看，仍未有一套完整的政治性、经济性和哲学性解决方法或更好的科技出现。甚至，我们也只是一味地享受科技带给我们的便利，忽视了伦理和思想的发展，不会通过学习或者思考的方法去控制或完善科技；不仅如此，人们对于艺术和哲学等起教化作用的文化进化领域漠不关心。如果这种情况持续下去，对于生活在 21 世纪的我们来说，势必会迎来一场严峻的生存挑战。

科幻小说中的未来科学

科幻小说，顾名思义，就是用幻想的形式，表现人类在未来世界的物质精神文化生活和科学技术远景的小说，其内容交织着科学事实和预见、想象。所以对于科学发展和变化对人类社会产生的影响，科幻小说中通常能体现出较为深远的洞察力。

在这些科幻小说中，对未来技术的想象最具代表性的是厄休拉·勒古恩的《地海传说》系列里出现的“自动化运维工具”。自动化运维工具是一种超光速通信装置，无论在宇宙的哪个地方，它们之间几乎都能同时进行交流。根据相对论的观点，任何物体都不可能比光速快，也就是说，自动化运维工具是现在的科学无法做到的。但是，勒古恩在《一无所有》一书中却对结合运用了相对论等科学理论和“等时性原理”等数学理论而发明的“自动化运维工具”进行了详尽的描述。自动化运维工具为宇宙文明的诞生提供了可能：即使人的身体无法在星系之间自由移动，也可以利用运维工具来获取宇宙任何一个地方的信息，从而形成可以共享宇宙模因的统一的文化进化系统。不仅如此，人和人之间也可以自由地进行情感交流。

科幻小说家能想象到的在宇宙中自由传输的不仅有信息，而且有物体和宇宙飞船。在科学知识并不十分精通的作家天花乱坠的想象中，这类可以被称为“错误”的科技还有了一个名字——FTL，也就是我们所说的“超光速”（faster than light）宇宙飞船。最近，科幻小说家经常使用的主要为我们平时看不见的时空维度（根据量子力学的弦理论提出的想法）或是时空洞（虫洞）这样的说法。在这一领域中，最具代表性的人物当数丹·西蒙斯。在他的小说《海伯利安》中，人们乘坐的并不是以超光速为引擎的宇宙飞船，而是一种被称为“远距离传输门”的工具，它可以通过星际“门”来实现人们在星球之间的瞬间移动。虽然可以把远距离传输门当作小说送给人工智能发展迅速的当代社会的一个礼物，但是要实现依靠远距离传输门在宇宙中以光速飞行，首先要在宇宙各个地方都安装远距离传输门的相关设备。

既然讲到了人工智能的内容，那么就让我们一起来听听机器人和人工智能的故事吧！其实在科幻小说里提到的机器人技术中，重要的不是机器人的形态，而是这个机器能不能像人类一样去思考、表达或感受。在科幻小说的世界中，充斥着各种各样由各具特色的人工智能所引发的故事，其中最具代表性的有《海伯利安》，艾萨克·阿西莫夫的《正子人》（*The Positronic Man*）和罗伯特·海因莱因的《严厉的月亮》（*The Moon Is A Harsh Mistress*）也是值得一读的佳作。这些作品有一个比较有趣的共同点，它们探究的都是"如果人工智能真的实现的话，人类该如何接受"，更重要的是，"到那时，人工智能又会如何应对人类"。

如果说人工智能是把计算机人格主体带入人类世界的技术，那么超高速的网络技术就是把人类引入计算机网络的技术。如果在网络中出现了完美的人工智能，我们会把它当作一个人格主体来对待吗？正如人类极为重视自身所具备的生物学特性一样，他们对自身的认知特性极为重视。根据这一点来看，人类是有可能这么做的。如果是这样的话，网络中的人工智能就是我们的替身吗？或者更进一步的话，人们不在现实生活中活动，只是在网络中活动，那么我们的身体是我们的，还是我们所指示的活动是我们的呢？最终我们把身体、社会和现实世界中的所有信息都移入网络中，那么，真实的世界到底是属于网络还是现实呢？

时间旅行装置也是科幻小说中比较重要的道具素材，当然不是主要写发明这种装置的科学技术，而是围绕时间旅行的悖论所产生的难解的问题（如果我穿越到过去，杀死了自己的祖先，那么我也就不会出生，也就根本无法穿越）而展开叙述的。保罗·安德森针对这一问题做出了很好的回答，并出版了一系列这类小说——《时光巡逻队》。这部小说主要描写主人公埃弗拉德乘坐时光机器穿越到过去所发生的一系列事情，并且说明我们的历史是在非常复杂的因素作用下平稳地向前发展的，它不会因一个小的改变而发生变化。

但是，比起所有的想象，在未来最有可能实现的应该是“人力弹簧”。它指的是人们通过转动自行车的车轮使弹簧受到强力压缩，然后把弹簧的弹力转化为能量的一种技术。这听起来是不是像一种特别便利，又具有划时代意义的技术？不是的。其实在不久的将来，当人类将周围的化石燃料耗尽，又找不出替代能源和技术时，便只能靠消耗人类自身的热量来转化为能量，不得已回到最原始的生活状态。不仅化石燃料会枯竭，植物基因也会发生变异，那时在世界各地，瘟疫、物种灭绝、人类社会崩溃，以及在这种情况下只追求私利的大企业横行等多种情况将会发生。这类小说的代表作为保罗·巴奇加卢皮的《发条女孩》，虽然读后会令人悲伤，但是它能给现今的人们带来很大的启发。

从大历史的观点看“科技革命”

20世纪初期，德国不仅有普朗克和维尔纳·海森堡，而且聚集了爱因斯坦、马克斯·玻恩、X射线研究的先驱马克斯·冯·劳厄、核物理学家奥托·哈恩等尖端物理学先锋。那时，德国的科学已经到了足够研究量子力学和开发核武器的阶段。但是到1933年，希特勒的纳粹党夺取了德国政权，所有情况发生了变化。希特勒开始镇压犹太人，掠夺他们的财产，将其变成国家资本，使德国科学界走向崩溃。不仅如此，希特勒还将犹太人从学术界驱逐出去，否定他们的研究成果，并禁止德国人与犹太人共同从事研究。因此，在德国，科学的自由真理被限制，知识分子之间的活跃交流消失，犹太人所创造出来的模因被强制删除，一些有志学者也离开了。不仅是爱因斯坦这样的犹太学者，薛定谔这种非犹太学者也为了追求真理的自由而逃离德国。留在德国的普朗克和劳厄被纳粹诬蔑和攻击。

第二次世界大战时期，德国如实展现了如何在封闭和排他的社会环境中把科学发展推向消亡的深渊。在德国之外的玻恩和薛定谔发展量子力学时，身在德国的普朗克和维尔纳·海森堡没有任何研究进展。虽然最初维尔纳·海森堡所属的德国核武器开发项目团队是作为世界最尖端的核开发项目团队而存在的，但他们仍未制造出核武器。在第二次世界大战中，纳粹德国战败后，联军将维尔纳·海森堡等关押在某处，监听他们的对话，发现他们对核武器的制造已不存在任何先进认识。

由此看来，我们要尊重科学技术等多个领域的创造性进化思想，并且要努力加强多元化的人与社会之间的沟通，这是经过无数次证明得出的非常重要的结论。就像古典时代的希腊一样，以对多样性、交流和真理的渴求为基础发展丰富的科学知识，阿拉伯帝国也通过宗教宽容和开放性政策，只将真理当作追求目标，吸收和融合世界各地的知识。复苏了阿拉伯和古典时代的希腊知识的欧洲也是如此。

这是因为，科学和技术的发展是通过知识和经验的积累而发展起来的文化进化过程。古典时代希腊的科学能够发展，是依靠人类长时期观察自然，并且不断积累相关知识；阿拉伯帝国的数学和化学的繁荣，也是通过总结和融

合世界各地的数学和化学知识并对其进行重新诠释；欧洲的科学发展也是凭借引进阿拉伯帝国和拜占庭帝国的知识和技术的模因得以实现的。在那之后，欧洲科学家开始奋起反抗阻碍他们自由进行知识交流的当代宗教观念，并积极宣传发展连接多个知识领域的精神基础——理性主义世界观。工业化之后，很多工业技术和热力学、电磁学等知识相互连接，以内燃机和电力为中心的高科技文明开始发展。人类长期积累的数学和科学知识，最终形成了相对论和量子力学，它们是能够对组成浩瀚宇宙和微小粒子世界的宇宙万物进行数学证明的伟大创举。对于解释生命现象的研究，最终形成了能够证明 DNA 构造和作用的生命科学，使人们能够完全理解生命的发展和变化。

通过本书，我们了解到，虽然文化进化是由多样的模因连接统合实现的，但实际上，这些连接和统合是靠对真理怀有热切盼望并为各个领域的发展做出贡献的人形成的。就像基因能使个体的生命得以传承，在后代中广泛遗传下来，书中或机器中所蕴含的科学模因，也激发着数千万人的探索精神，让他们心怀梦想，为科学的发展尽自己的一份力。他们相互交流，使自身所持有的模因和他人的相结合，形成一定的理论，而他们所写的书或制造的机器又形成人类新的珍贵模因，开启人类创新的序幕。

正因为这样孜孜不倦的探索，人类在科学技术的文化提升领域不断取得璀璨的发展成果。最近，人类社会又产生了新的主题，即汇聚人类积累的知识和经验，实现地球能源可持续发展，维护世界和平，保护生态环境，不断构筑人类文明未来发展的蓝图。要实现这一主题，不仅需要尖端的物理学和生命工程科学知识，而且需要对人类未来的哲学性思考和人类社会的一步步改善。正如阿瑟·克拉克在小说《与拉玛相会》中提到的那样，“像拉玛人一样高度发达的文明，必须有相应的道德水准高度，如果没有的话，那么最后就会自己走向灭亡，我们在20世纪时就差点儿预言成真”。现在，我们必须证明，我们有开辟宇宙和不朽文明的能力。

金明哲

2015年10月